人工智能

何时机器能掌控一切

[德] 克劳斯·迈因策尔（Klaus Mainzer）著
贾积有 贾奕 译

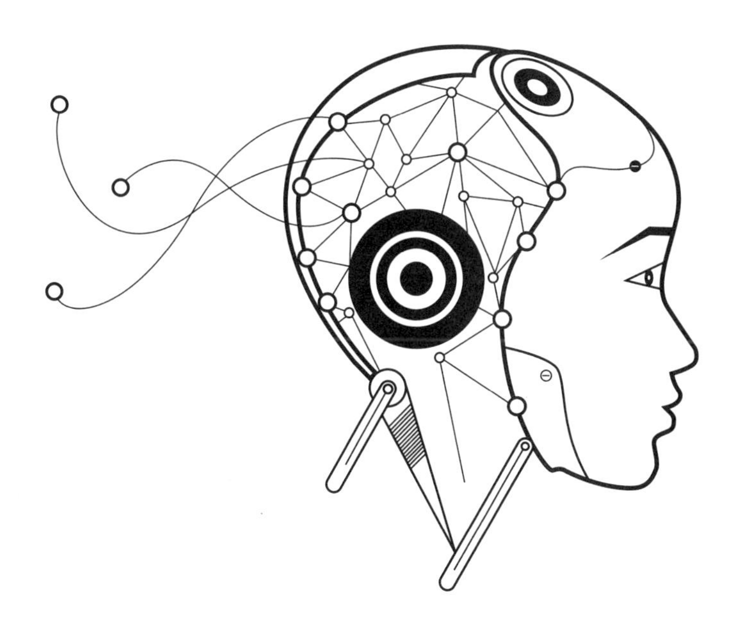

清華大學出版社
北京

北京市版权局著作权合同登记号 图字：01-2021-6290

First published in German under the title
Künstliche Intelligenz-Wann übernehmen die Maschinen?
by Klaus Mainzer，edition：2

内 容 简 介

全书共12章。第1章展示了本书的架构。第2章简介了人工智能的发展历史，特别介绍了具有重要历史意义的图灵测试和专家系统。第3章阐述了人工智能发展史上认知主义思想的理论基础（逻辑推理）和两种逻辑编程语言（PROLOG和LISP）。第4章分析了基于知识库的专家系统架构和知识表示方法，以及特殊类型知识的计算机表示。第5章以最早的人机对话系统ELIZA为例，介绍了自然语言处理技术原理及其在智能手机方面的最新发展。第6章以遗传算法为例，介绍了生物演化进程及其对人工智能发展的启发。第7章介绍了人工神经网络和机器学习，并分析了人类情感和意识的可计算性。第8章介绍了人形机器人的认知特点、社会性和群体智能。第9章介绍了物联网、智能交通网、智能基础设施和工业4.0，探讨了人工智能影响下劳动力市场的未来。第10章介绍了神经形态计算机、量子计算机、奇点和超级智能，并强调人工智能应服务于人类。第11章分析了人工智能带来的社会风险。第12章分析了世界上重要国家（特别是中国）的人工智能发展战略，指出人工智能发展要有全球社会责任感。

本书受众广泛。零基础读者可以从本书中快速了解人工智能的概念、历史和发展趋势；入门者可以从本书中深入学习人工智能的常用算法和技术；经验丰富的从业人员则可以从本书的多学科视角更加全面地认识人工智能的社会和历史影响。

图书在版编目（CIP）数据

人工智能：何时机器能掌控一切/（德）克劳斯·迈因策尔（Klaus Mainzer）著；贾积有，贾奕译. —北京：清华大学出版社，2022.1（2025.1重印）
（人工智能科学与技术丛书）
ISBN 978-7-302-59257-0

Ⅰ.①人… Ⅱ.①克… ②贾… ③贾… Ⅲ.①人工智能 Ⅳ.①TP18

中国版本图书馆CIP数据核字（2021）第192769号

责任编辑：曾　珊
封面设计：李召霞
责任校对：郝美丽
责任印制：丛怀宇

出版发行：清华大学出版社
网　　址：https://www.tup.com.cn，https://www.wqxuetang.com
地　　址：北京清华大学学研大厦A座　**邮　　编**：100084
社 总 机：010-83470000　**邮　　购**：010-62786544
投稿与读者服务：010-62776969，c-service@tup.tsinghua.edu.cn
质量反馈：010-62772015，zhiliang@tup.tsinghua.edu.cn
课件下载：https://www.tup.com.cn，010-83470236
印 装 者：北京同文印刷有限责任公司
经　　销：全国新华书店
开　　本：186mm×240mm　**印　　张**：10　**字　　数**：228千字
版　　次：2022年2月第1版　**印　　次**：2025年1月第2次印刷
印　　数：3001～3500
定　　价：59.00元

产品编号：090200-01

中文版前言

PREFACE

很荣幸看到本书中文版顺利出版。有的中国读者可能了解我的专著《复杂性中的思维》。早在这本书中，我已经强调了非线性发展的复杂网络在自然、技术、经济和社会中的重要性。全球系统的复杂性离不开人工智能（AI）的支持。目前一个引人注目的例子是新型冠状病毒的大流行，机器学习的人工智能算法有力地促进了抵抗COVID-19病毒的药物和疫苗的研发；如果没有人工智能算法的帮助，全球范围内的供应链和财务系统将不可控制。

中国的“一带一路”工程也面临着巨大的挑战，这类全球性基础设施，只有在数字化和人工智能的支持下才能良好运转。货物运输和物流已经得到机器人技术、传感器技术和卫星通信技术的支持。与过去一样，“一带一路”沿线国家的资金和贸易的流动与思想、创新和文化的转移是结合在一起的，只不过现在需要借助信息技术、国际互联网和人工智能技术。量子通信和量子互联网是近期中国创新能力的一大亮点，必将提高未来的发展效率和速度。

为了在竞争中生存，欧洲的产品需要一个开放的中国市场。对全球自由贸易的共同诉求对于双方都很重要，但必须是公平的。人工智能和通信技术必须成为自由市场的服务体系。在这种情况下，通过“一带一路”工程确保双方的财富实现共赢。

在这一点上，我想引用当代中国哲学家赵汀阳的话。他设计了一个具有共同内部政策的未来世界——“天下”。关于21世纪关键技术的作用，他在《天下》一书中写道：“我认为，似乎只有全球金融系统、高科技系统和社交媒体系统转变为一个全球范围内共同分布、拥有和治理的全球体系，才是实现天下制度的必要条件。”

《天下》让中国读者想起了中国古代的一个大繁荣时期。中国和欧洲的文化传统可能不同，但是从技术的角度来看，未来实际上必须是一个实现全球通信的共同世界，它必须解决极其复杂的全球问题。这些努力只有通过与数字化、人工智能、物联网的共同合作才能实现。如果没有这些技术的支持，全球政策共通的构想只会成为过去几个世纪的梦想。但技术只是必要条件，我们需要负责任的技术设计来实现全世界的可持续发展。

克劳斯·迈因策尔

2021年2月于德国慕尼黑

推荐序

FOREWORD

北京大学贾积有教授将德国著名哲学家和交叉科学专家克劳斯·迈因策尔(Klaus Mainzer)的著作翻译成中文,在清华大学出版社出版。迈因策尔是研究复杂性问题的学者,他在《复杂性中的思维》一书中曾经指出了复杂网络在自然、技术、经济和社会中的重要性,而复杂网络的研究离不开人工智能技术。现在他继《复杂性中的思维》之后,又进一步关注人工智能,用丰富的实例向读者介绍人工智能各方面的问题,这是令人高兴的事情。

本书内容丰富,涉及人工智能的很多方面,包括基于知识的专家系统、自然语言处理、人机对话、遗传算法、人工神经网络、机器学习、物联网、智能交通网、智能基础设施、工业4.0、量子计算机、超级智能,还讨论了人工智能的社会风险。通过通读本书,读者可以对于人工智能获得一个全面而系统的认识。本书深入浅出,通俗易懂,雅俗共赏,既可以供没有人工智能基础的读者阅读,也可以供具有人工智能初步知识的读者阅读,对于专业的人工智能研究者也有启发。

人工智能的发展过程是非常曲折的,通过回顾人工神经网络(Artificial Neural Network,ANN)的发展过程就可以看出人工智能发展的曲折性。

早期的人工智能是靠知识来驱动的(knowledge-driven),所使用的方法是一种知识驱动的理性主义方法。例如逻辑理论家的证明程序和通用问题求解器等,都是靠知识来驱动的。然而人工神经网络却较早地注意到了数据驱动(data-driven)的方法。1943年,心理学家麦卡洛克(Warren McCulloch)和数学家皮茨(Walter Pitts)描述了一种理想化的人工神经网络,并构建了一种基于简单逻辑运算的计算机制。他们提出的神经网络模型称为麦卡洛克-皮茨模型(简称MP模型),开启了神经网络研究的序幕。1951年,他们的学生明斯基(Marvin Minsky)建造了第一台模拟神经网络的机器SNARC,这是早期人工智能研究的重要成果。1958年,罗森布拉特(Rosenblatt)根据麦卡洛克-皮茨模型提出了可以模拟人类感知能力的神经网络模型,称为感知机(Perceptron),并研制了一种接近人类学习过程的学习算法。它可以根据一定数量的数据,自动识别手写的阿拉伯数字,引起了学术界的密切关注。人工神经网络研究进入了第一个高潮。

但是,感知机的结构过于简单,不能解决常见的线性不可分问题,也就是"异或"问题(XOR problem)。1969年,著名人工智能专家明斯基(Minsky)和帕珀特(Seymour Papert)出版了《感知机》一书,明确地指出了感知机不但没有解决非线性的"异或"问题的本领,而且当时的计算机无法支持大型神经网络所需要的计算能力。权威学者这样的论断直接将以感知机为代表的神经网络打入"冷宫",导致神经网络的研究进入了十多年的"低谷"。

1983年,美国加州理工学院的物理学家霍普菲尔德(John Hopfield)提出了一种用于联想记忆和优化计算的神经网络,称为霍普菲尔德网络(Hopfield network)。霍普菲尔德网络在解决"旅行商问题"方面获得当时最好的结果,并引起了轰动。1984年,辛顿(Geoffrey Hinton)提出一种随机化版本的霍普菲尔德网络,即玻尔兹曼机(Boltzmann machine)。1986年,鲁迈哈特(David Rumelhart)和麦克兰德(James McClelland)对于联接主义(connectionism)在计算机模拟神经活动中的应用进行了全面的研究,并改进了反向传播算法。Geoffrey Hinton 等将反向传播算法引入多层感知机(multi-layer perceptron),于是人工神经网络又重新引起人们的注意,并开始成为新的研究热点。随后,乐坤(Yann LeCun)等将反向传播算法引入卷积神经网络(convolutional neural network,CNN),并在手写体数字识别上取得了很大的成功。人工神经网络进入了第二个高潮。

1995—2006年,支持向量机(support vector machine,SVM)和其他更简单的方法(例如线性分类器)在机器学习领域的流行度逐渐超过了神经网络。虽然神经网络可以很容易地通过增加网络的层数和神经元数量的方式构建更加复杂的网络,但其计算复杂性也随之呈指数级增长。当时的计算机性能和数据规模也不足以支持训练大规模神经网络。在20世纪90年代中期,统计学习理论和以支持向量机为代表的机器学习模型开始兴起。相比之下,神经网络的理论基础不够清晰、优化困难、可解释性差等缺点更加凸显。于是,神经网络的研究又一次陷入低谷。

2006年,辛顿和萨拉库提诺夫(Hinton and Salakhutdinov)发现,多层前馈神经网络(Feed-forward Neural Network)可以根据大规模数据,通过逐层预训练(pre-training),再用反向传播算法进行微调(fine-tuning),取得很好的机器学习的效果。接着,深度人工神经网络在语音识别、图像分类、自然语言处理等应用领域中取得巨大成功,以神经网络为基础的深度学习(deep learning,DL)迅速崛起。随着大规模并行计算以及GPU(graphic processing unit)设备的普及,计算机的计算能力得到大幅度提高,可供机器学习的数据资源的规模也越来越大。在计算能力(算力)和数据资源规模(算料)的支持下,计算机已经可以训练大规模的人工神经网络。于是,各大科技公司都投入巨资研究深度学习,神经网络再次崛起,进入了它的第三个高潮,目前还处于高潮之中。这一次高潮预计还会持续很长的时间。这个时期的人工神经网络不再像早期的人工智能那样依靠知识来驱动,而是全面地采用了数据驱动的经验主义方法。

人工神经网络的研究出现了高潮—低谷—高潮—低谷—高潮的曲折过程,呈现出一个"马鞍形"。人工智能的发展也同样经历了这样曲折的"马鞍形"过程。本书第2章对这种曲折过程有很生动的叙述。

现在,在算法、算力和算料的三重支持下,人工智能的发展正处于史无前例的鼎盛时期,迈因策尔教授在本书中提醒我们要关注人工智能的安全性问题,告诫我们要使用负责任的技术设计来实现全世界的可持续发展。这些都是迈因策尔教授高屋建瓴的洞见,值得高度关注。

在本书第 11 章中，迈因策尔教授明确指出，这种数据驱动的人工神经网络其实是一个"黑匣子"(black box)，他说："机器学习极大地改变了我们的文明。我们越来越依赖于高效的算法，否则我们将无法管理高度复杂的文明基础设施——我们大脑的处理速度太慢，将被我们必须处理的大量数据所压倒。但是人工智能算法有多安全呢？在实际应用中，学习算法指的是神经网络模型，这些模型本身非常复杂，它们被大量的数据所喂养和训练，必要参数呈指数级增长。没有人知道这些黑匣子里到底发生了什么。"

这确实是当前人工智能研究中一个亟待解决的问题。

早期的人工智能采用的方法是知识驱动的理性主义(rationalism)的方法。它根据人工设计的特征和逻辑推理规则等知识来模拟人类的智能，尽管这样的人工智能闪耀着理性主义的光芒，但是由于人类智能的极端复杂性，这样由人工来设计特征的研究是非常艰巨的特征工程(feature engineering)，需要付出大量的人工劳动。近年来，随着人工智能的发展，学者们采用人工神经网络来模拟人的智能，这样的神经网络使用深度学习(deep learning)的方法从大数据(big data)中自动地学习特征和提取特征，避免了艰巨的特征工程，大大地提高了人工智能系统的效能。

自然语言处理(Natural Language Processing，NLP)是人工智能皇冠上的明珠。在自然语言处理中，基于神经网络的机器翻译(Neural Machine Translation，NMT)的翻译正确率获得大幅度提高，主流语种神经网络的机器翻译水平已经达到实用的水平。但是，神经网络机器翻译所依赖的神经网络的机理仍然是一个黑匣子，人们用大量的数据来喂养和训练这样的神经网络，但是并不明白神经网络这个黑匣子内部的各种因果关系，缺乏可解释性，因而很难有效地解决神经网络机器翻译运行过程中出现的各种问题，往往找不到解决问题的关键。这是神经网络机器翻译的一个严重缺憾。

目前，在自然语言处理研究中，主流的范式是以 Google 公司的 BERT 为代表的"预训练范式"(pre-trained paradigm)，其基本思想是将训练大而深的端对端的神经网络模型分为两步。首先在大规模文本数据上通过无监督学习预训练大部分的参数，然后在具体的自然语言处理任务上进行"微调"。处于下游的这些神经网络所包含的参数量远远小于预训练的参数量，并可根据下游具体任务的标注数据进行调整。使用这样的"预训练范式"，研究人员设计出各种预训练模型(pre-trained model)，这些预训练模型可以通过预训练，把从大规模文本数据中学习到的语言特征信息迁移到下游的自然语言处理和生成任务模型的学习中。预训练模型在几乎所有自然语言处理的下游任务[无论是自然语言理解(Natural Language Understanding，NLU)还是自然语言生成(Natural Language Generation，NLG)的任务]方面都表现出了优异的性能。预训练模型也从单语言的预训练模型扩展到了多语言的预训练模型和多模态的预训练模型，并在相应的下游任务方面都有出色的表现。

这些预训练模型所需要的数据量非常大。随着预训练模型规模的增大，训练的参数越来越多。2020 年 5 月 OpenAI 发布的 GPT-3，其训练参数竟然达到 1750 亿之多。另外，由于预训练模型的规模越来越大，其用到的文本数据也越来越多。Google 公司的 BERT 只用了16GB的文本数据，Facebook公司的RoBERTa的文本数据增长到了160GB，而Google公司的T5竟然用了750GB的文本数据。

然而，在预训练模型中，尽管使用了这样海量的参数和数据，我们对于人工神经网络的内幕仍然所知甚少，人工神经网络仍然是一个黑匣子，在很多问题面前我们依旧感到茫然，难以解释其机理，这不能不说是当前人工智能研究中的一个遗憾。

其实，人工智能的研究不仅需要算法、算力和算料的支持，还需要知识的支持，我们应当把人类具有的日常生活的常识和各种理性的知识加入人工智能中。现在的人工神经网络所用的方法完全依靠数据，实质上是一种经验主义（empiricism）的方法，这种方法完全依靠经验的数据来驱动，没有知识的支持。我们应当把算法、算力、算料与知识结合起来，把数据驱动的经验主义方法与知识驱动的理性主义方法结合起来，把人工智能的研究提高到一个新的阶段。人工智能的研究任重道远，我们还要努力奋斗，决不能松懈！

迈因策尔这本书提出的问题是："机器何时能掌控一切？"我们的回答是：在人工智能研究中，机器掌控一切是几乎不可能的，即使人工智能发展到高级阶段，也只能充当人类的助手，而不可能掌控一切，机器掌控一切的时代是不会到来的。目前，人工智能尚处于低级阶段，如果我们把算法、算力、算料与知识结合起来，把数据驱动与知识驱动结合起来，把经验主义方法与理性主义方法结合起来，就有可能推动人工智能的进一步发展。

教育部语言文字应用研究所教授　冯志伟

2021年2月4日于北京

前言

PREFACE

人工智能已逐步主宰着我们的生活，而许多人对此一无所知。通话时使用的智能手机、记录健康数据的腕表、自组织的工作流程、自动驾驶汽车、自动飞行飞机、无人机、拥有自主物流的交通和能源系统，以及探索遥远星球的机器人，都是由智能系统构成的网络化世界的技术的例证。它们展示了人工智能如何决定人的日常生活。

生物有机体也是智能系统的例子。与人类类似，智能系统在进化过程中，可以或多或少地独立有效地解决问题。有时大自然是技术发展的原型（例如神经网络是人脑的简化模型），然而，有时计算机科学和工程发现的解决方案与自然界不同，甚至更好、更有效。因此，不存在所谓的"人工智能"，而是不同领域的问题解决效率和自动化程度。

人工智能的背后是学习算法的机器学习世界。随着计算能力的指数级增长，学习算法变得越来越强大。科学研究和医学已经在使用神经网络和学习算法来发现不断增长的测量数据中的相关性和模式。机器学习算法已经应用于商业策略和工业互联网，它们控制着物联网世界的进程。没有它们，将无法管理由数十亿传感器和网络设备所产生的大量数据。

但是，机器学习的最新技术是基于统计学习及其参数爆炸式增长的推理。一般来说，统计相关性由大数据训练出来的危险黑匣子提供，但是不能被因果解释所取代。因果学习不仅能够更好地解释因果关系，而且能够更好地确定责任的法律和道德问题（例如在自动驾驶或医学方面）。显然，除了人工智能的创新之外，安全和责任的挑战也凸显出来。本书基于对人工智能程序进行认证和验证的诉求，分析了实证性的测试程序和自动形式化证明。最后，对认证的诉求并不是创新的杀手，而是为人工智能项目提供了更好的、可持续发展的机会。

人工智能研究自诞生以来，就与人类未来的伟大愿景联系在一起。"人工智能"正在取代人类吗？一些人已经在谈论即将到来的"超级智能"，它会引发恐惧和希望。本书也是对技术设计的一种诉求——人工智能必须证明自己是一种社会服务。作为服务系统，人工智能技术决不能因其巨大的能量需求，就以牺牲生态为代价，因此应该在新的神经形态计算机架构中整合生物大脑的优势及其低能耗的特征。量子计算也将为人工智能提供新的计算技术。

人工智能已经成为决定社会系统全球竞争的关键技术。各国的财富将决定性地取决于人工智能创新的能力，但是各国人民的生活方式将取决于他们对人工智能技术的评价。在主导人工智能技术的影响下，政治制度会改变吗？应该如何在人工智能世界中维护个人自由？欧洲不仅要把自己定位为人工智能的技术场所，还要用自己的道德价值体系为人工智能定位。

从早期的学生时代，我就对使人工智能成为可能的算法着迷。我们需要知道各类算法的基础，以评估其表现和局限性。令人惊讶的是，这正是本书的本质洞察力所在，不管超级计算机有多快，都不会改变由人类智慧所证实的逻辑数学基础。只有根据这些知识，才能评估社会影响。为此，奥格斯堡大学于20世纪90年代末成立了跨学科计算机科学研究所。在慕尼黑工业大学，我还担任林德研究院院长，并作为2012年卓越计划的一部分，成立了慕尼黑社会技术中心(Munich Center for Technology in Society，MCTS)。2019年，我受到大众汽车公司基金会的一个研究项目的资助，该项目的主题是“软件能负责任吗？”作为德国经济部和德国工业标准委员会高级别小组(High Level Group，HLG)的成员，我们致力于制定人工智能认证路线图。在德国工程院的主题网络中，也有“聚焦技术——数据事实背景”，就像由斯普林格(Spring)发起的著作系列一样。作为斯普林格出版社的一名长期作者，我衷心感谢该出版商对2019年第二版德文英译本的支持。

克劳斯·迈因策尔

2019年6月于德国慕尼黑

译者序

FOREWORD

克劳斯·迈因策尔教授是世界知名的哲学家、科学与社会研究专家和复杂性系统学者，位居萨尔斯堡的欧洲科学与艺术学院主席、欧洲科学院院士、德国工程院院士、德国慕尼黑工业大学教育学院哲学与社会教席荣休教授、德国图宾根大学卡尔·弗里德里希·冯·魏茨克中心教授、德国复杂性系统协会主席，曾担任康斯坦茨大学副校长、奥格斯堡大学哲学与社会科学学院院长和交叉信息科学中心主任、慕尼黑工业大学林德研究院院长和科技与社会研究中心主任等学术职务。

迈因策尔教授著述颇丰，先后出版了《复杂性中的思维》《人工智能》《混沌》《生命与机器》等 20 多本英文和德文专著。其中《复杂性中的思维》在全世界被再版发行 10 次，早在 1999 年就有了中文翻译版（清华大学曾国屏教授翻译，中央编译出版社出版）。他应邀在世界各地的学术会议、电视台和电台等讲演 100 多次，广受欢迎。他从复杂性视角分析技术和社会的关系，特别是大数据和人工智能时代的问题，富有哲学和历史情怀。

本书共 12 章。第 1 章介绍了本书的架构。第 2 章简介了人工智能的发展历史，特别介绍了具有重要历史意义的图灵测试和专家系统。第 3 章阐述了人工智能发展史上认知主义思想的理论基础——逻辑推理及两种逻辑编程语言 PROLOG 和 LISP。第 4 章分析了基于知识库的专家系统架构和知识表示方法，以及特殊类型知识的计算机表示。第 5 章以最早的人机对话系统 ELIZA 为例，介绍了自然语言处理技术原理和在智能手机方面的最新发展。第 6 章以遗传算法为例，介绍了生物演化进程及其对人工智能发展的启发。第 7 章介绍了人工神经网络和机器学习，并分析了人类情感和意识的可计算性。第 8 章介绍了人形机器人的认知特点、社会性和群体智能。第 9 章介绍了物联网、智能交通网、智能基础设施和工业 4.0，探讨了在人工智能影响下劳动力市场的未来。第 10 章介绍了神经形态计算机、量子计算机、奇点和超级智能，并强调人工智能应该服务于人类。第 11 章分析了人工智能带来的社会风险。第 12 章分析了世界上重要国家（特别是中国）的人工智能发展战略，指出人工智能发展要有全球社会责任感。

本书不仅单纯介绍人工智能技术，而是从历史、社会、哲学和人文等多学科角度审视人工智能技术的过去、现在和未来。本书既涵盖了逻辑运算等经典的人工智能算法，又引入了量子计算等前沿的人工智能技术；既强调了人工智能对人类生活和社会各方面的正面促进作用，又指出了其高能耗等缺点。

本书的潜在读者包括三类：零基础读者、入门者和经验丰富的从业人员。人工智能零基础的读者可以快速从本书中了解人工智能的概念、历史和发展趋势；入门者可以从本书中深入学习人工智能的常用算法和技术；经验丰富的从业人员可以从本书的多学科视角更加全面地认识人工智能的社会和历史影响。

译者

2020年12月于北京大学

原版书中的简介

每个人都认识它们——通话时使用的智能手机、记录健康数据的腕表、自组织的工作流程、自动行驶的汽车、飞机和无人机、拥有自主物流的交通和能源系统，以及探索遥远星球的机器人，它们都是智能系统网络化世界的技术的例子。机器学习正在极大程度地改变我们的文明。人们越来越依赖高效的算法，否则将无法应对文明基础设施的复杂性。

但是人工智能算法在多大程度上是安全的？这个问题被提出来了。复杂的神经网络要由大量的数据（大数据）训练，其所需参数的数量呈指数级爆炸增长。没人知道这些黑匣子里到底发生了什么。在机器学习中，语境中的主语需要对原因和效果有更多的解释和责任，以便衡量相关责任的伦理和法律问题（例如在自动驾驶或医学方面）。除了因果学习，还需要分析测试和验证学习的过程，以获得能够认证的人工智能程序。

人工智能研究自诞生以来，就与人类未来的伟大愿景联系在一起，它已经是决定社会系统全球竞争的关键技术。“人工智能与责任”的另一个核心问题是：应该如何在人工智能世界中保障个人自由的权利？本书是对技术设计的请求：人工智能必须证明自己只是一种社会服务。

目录

CONTENTS

全书图片清单

第1章 简介：什么是人工智能

CHAPTER 1

闹钟的铃声让我有点不安，苏珊娜熟悉友好的女声祝我早上好，问我睡得怎么样。我约好了一个会议后，感到有点困。苏珊娜提醒我在法兰克福分公司有一个日程，她还友好地提醒我医生要求的运动训练。我看看手表，它显示了我目前的血压值，苏珊娜说得对，我得做点什么。苏珊娜和闹钟在我的智能手机里，洗完澡穿好衣服后，我把它放在口袋里，然后赶紧上车。坐进汽车驾驶舱后，我简要说明了目的地。现在我有时间喝杯咖啡，放松地看报纸了，因为我的汽车正在高速公路上自动行驶。在路上，汽车自动避开了一辆建筑施工车。它以一种典型的方式遵守交通规则，比那些想开快车的人类驾驶员做得更好，因为驾驶员由于超速行驶、不停的闪光灯和过短的距离承受了较大压力。我仍然认为，人只是一个混沌系统。然后我请苏珊娜给我介绍我们产品的市场概况，她用大数据算法以闪电般的速度找到了。到了法兰克福分公司，我让车独立地停了下来。我们工厂的半导体生产基本上是自动化的，特殊客户请求也可以在销售部门在线输入，然后产品就能独立地满足这些特殊的愿望。下周我想去东京见日本商业伙伴，我还是得请他不要把我安排在一个新的机器人旅馆里。上次我入住登记时，一切都是自动进行的，就像在机场登机一样，即使在接待处，也是一位友好的机器人女士坐着。如果有人工服务，价格会贵一点，但在这里，我是欧洲人的“老派”，至少在我的私生活中，我更喜欢人类的感情……

这些不是科幻小说的情节。这些都是人工智能（Artificial Intelligence，AI）技术，在当今技术基础上是可行的，并且作为计算机科学和工程领域的一部分，是可以开发实现的。传统上，人工智能是模拟人的智能思维和行为的，这一定义因为“智能人类思维”和“行为”没有定义而存在缺陷。更进一步，尽管进化产生了许多具有不同程度“智能”的有机体，但人类已然成为衡量智能的标准。此外，我们在技术方面已经长期被“智能”系统所包围，这些系统虽然独立、高效，但在控制文明方面往往不同于人类。

爱因斯坦回答了“时间是什么？”的问题，与人们常规的想象“时间是钟表所测量的东西”不同。因此，我们提出了一个与人无关的工作定义，它只依赖于系统的可测数量。为此，我们着眼于能够或多或少独立解决问题的系统，这类系统可以是有机体、大脑、机器人、汽车、智能手机或我们身上佩戴的配件（可穿戴设备）。工厂设施（工业4.0）、运输系统或能源系统(智能电网)也具有不同程度的智能系统,这些系统能够或多或少地独立控制自己,解决中央供应问题。这类系统的智能程度取决于其自主程度、要解决问题的复杂程度和其解决问题程序的效率。

所以并不存在"这样"的智能,而存在智能的程度,复杂性和效率是计算机科学和工程中可测的变量。这样看来,一辆自主车辆具有一定程度的智能,这个程度取决于其独立有效地到达指定目的地的能力。能够或多或少自动驾驶的汽车早就出现了,其独立程度在技术上是精确定义的。智能手机与我们交流的能力也在改变。无论如何,我们对智能系统的工作定义涵盖了多年来在计算机科学和技术领域以"人工智能"为主题成功开展的研究和智能系统的研发。

【定义】 当一个系统能够独立有效地解决问题时,它被称为智能系统。智能的程度取决于系统的自主程度、问题的复杂程度和其解决问题程序的效率。

诚然,智能技术系统即使具有高度的独立性和高效的解决问题的能力,最终还是由人类设计的。但即使是人类的智能,也不是从天而降,而是取决于某些规则和限制。人类有机体是进化的产物,充满了在分子和神经元层次编码的算法。它们已经发展了数百万年,或多或少都有效。随机事件经常发生,这导致产生了一个混合的能力系统,它根本不代表"智能"。人工智能和技术早已超越了自然技能,或者以不同的方式具有了自然技能。考虑数据处理或存储能力的速度,对于人类来说,根本没有所谓的"意识"。进化有机体,如棒虫、狼或人类,以不同的方式解决他们各自的问题。此外,自然界的智力绝不依赖于个体有机体,一个动物部落的群体智能是由许多有机体相互作用而产生的,类似于在技术和社会中已经围绕着我们的智能基础设施。

神经信息学试图在数学和技术模型中理解神经系统和大脑的功能。在这种情况下,人工智能研究人员就像测试自然模型的自然科学家一样工作。人工智能研究人员通常像工程师那样,独立于自然模型寻找问题有效解决方案。这也适用于认知技能,比如看、听、感觉和思考,就像现代软件工程师所展示出来的。即使是在飞行的状态下,只有在掌握了空气动力学的规律并且在喷气式飞机上设计出与进化不同的其他解决方案时,这项技术才是成功的。

第 2 章从"人工智能的简史"开始。人工智能是与 20 世纪伟大的计算机先驱们联系在一起的。这种计算机最初被用来逻辑推理,为此目的开发的计算机语言至今仍然在人工智能中使用。逻辑数学推理有助于保存计算机程序。另一方面,它们的分析与人工智能的深层认识论问题有关(第 3 章)。但是,通用的方法不足以解决不同专业领域的具体问题。基于知识的专家系统首次模拟了医生诊断和化学家分析的能力。如今,专家系统已经成为研究和工作中日常生活的一部分,而不再被称为"人工智能"(第 4 章)。人工智能最引人注目的突破之一是语音处理系统,因为传统上语言被认为是人类的领域。所使用的工具展示了不同的技术和进化是如何解决该问题的(第 5 章)。

自然智能起源于进化,因此模拟进化算法是有意义的。遗传算法和进化算法现在也被应用于技术领域(第 6 章)。生物大脑不仅能产生惊人的认知能力,如看、说、听、感觉和思考，它们的工作效率也远高于消耗大量电能的超级计算机。神经网络和学习算法旨在破译这些能力(第7章)。下一步是类人机器人，它以类似人类的形式与人们一起工作和日常生活。在固定的工业机器人中，工作步骤由计算机程序定义。另一方面，社交和认知机器人必须学会感知环境、独立决策和行动，这就需要具有传感器技术的智能软件来实现这种社会智能(第8章)。

汽车被称为在四轮上行使的计算机。使自动驾驶汽车产生智能行为是为了或多或少地取代人类驾驶员。交通系统中哪些应用场景与此相关？与自然界的群体智能一样，智能并不局限于个体有机体。在物联网中，物体和设备可以配备智能软件接口和传感器以便共同解决问题。一个例子是工业互联网，其中生产和销售基本上是由人工智能独立组织的。根据工作定义，一个拥有这样工业互联网的工厂就会变得智能化。一般来说，人们将网络物理系统、智能城市和智能电网放在一起进行谈论(第9章)。

人工智能研究自诞生以来，就与人类未来的伟大愿景联系在一起。会不会有神经形态的计算机可以完全模拟人脑？自然界的模拟过程和数字技术有何不同？人工生命的技术会与人工智能相融合吗？本书讨论了关于模拟和数字技术的逻辑数学基础和技术应用的最新研究成果。

尽管日常的人工智能研究都很清醒，希望和恐惧一直激励和影响着高科技社会的发展。特别是在诸如硅谷这样的美国信息和计算机技术的大本营中，人们相信当人工智能取代人类时会出现一个奇点，他们已经在讨论一种集体的超智能。

一方面，如本书所述，超智能会受到逻辑、数学和物理定律的制约，因此，需要跨学科的基础研究，这样算法才不会失控。另一方面，技术设计要求：在总结过去的经验之后，研究者们应该意识到机会，但也要精确考虑到未来开发人工智能的目的和用途。人工智能必须证明自己只是为社会服务的，这是其道德标准(第10章)。

参考文献

第2章 人工智能简史

CHAPTER 2

2.1 人类的古老梦想

在古代,自动装置可以独立自主运动。根据古人的理解,自主运动性是生物体的显著特性,古代文献中也提及了当时科技背景下有关液压和机械自动化的报道。在犹太教的传统中,中世纪末期的"傀儡"被描述为一个类似于人类的机器,这个"傀儡"可以借助《创造之书》(希伯来语 Sefer Jezira)中的字母组合编程,来保护犹太人免受迫害。

在近代社会初期,技术和科学可以实现一定程度的自动化。文艺复兴时期,李奥纳多·达·芬奇(Leonardo da Vinci)构造自动化售卖机器的想法是众所周知的。在巴洛克时期,工匠们基于制表技术建造了投币式自动售货机。阿·贾克卓兹(P. Jaque-Droz)设计了一个复杂的时钟装置,内置在一个人偶身体中,这个人偶机器人可以弹钢琴、画画以及书写。法国医生和哲学家拉莫特义(J. O. de Lamettrie)概括了当时机械时代的生命和自动化的概念:人体是一台机器,它可以驱动本身的弹簧。

巴洛克时期的全科学者阿·柯雪(A. Kircher,1602—1680)曾经提出了一种通用语言的概念,用以表示所有的知识。紧接着,哲学家和数学家莱布尼茨(G. W. Leibniz,1646—1716)设计了一个重要的"通用数学"程序。莱布尼茨希望以数学解释思维和知识,以便通过数学解决所有科学上的问题。在他所在的机械时代,大自然被想象成一个完美的钟表系统,每一个条件都是由连锁齿轮决定的。因此,机械计算机依次执行计算序列的每个计算步骤,其算术运算硬件是四种基本算术运算的十进制机器。莱布尼茨的基本思想基于一种通用符号语言,借此可以根据数学模型来表示知识。或者换句话说,所谓理性的真理,如数学中的真理,可以通过它能够成立的其他任何领域的微积分来实现。

从执行四种基本算术运算的十进制计算器到程序控制计算器的进一步技术创新,并不是在学者们的房间里进行的,而是在18世纪的工厂里实现的。在那里,织物样品的编织过程先后受到巴洛克售货机的辊子和木制穿孔卡片的控制。这种程序控制的思想被英国数学家和工程师巴贝奇(C. Babbage,1792—1871)应用于计算器。他的分析引擎除了提供一个由四种基本算术运算的齿轮和一个数字存储器组成的全自动计算单元之外,还有一个穿孔卡片控制单元、一个数据输入装置以及一个带有打印单元的数据输出装置。虽然它的技术功能有限,但使人们正确认识到了顺序程序控制思想在工业化时代的科学和经济意义。

巴贝奇还对他的计算机与生物和人类之间的相似性和差异性进行了哲学思考。他的战友和搭档、浪漫主义诗人拜伦(Byron)勋爵的女儿艾达·洛夫莱斯(Ada Lovelace)夫人预言过:“分析引擎将会处理数字以外的其他事情。当一个人把音调与和声传递给旋转的圆筒时,这台机器就可以创作出具有各种复杂性和长度的音乐作品。然而,它只能做我们所知道的和命令它去做的事情。”在人工智能的历史上,当谈到计算机的创造能力时,洛夫莱斯夫人的这一论点重复被提及。

19 世纪下半叶的电动力学和电子技术工业为计算机的建造奠定了新的技术基础。当霍勒瑞斯(Hollerith)的制表和计数机器被使用的时候,西班牙工程师托雷斯·奎维多(Torres Quevedo)考虑了鱼雷和船只的控制问题,并于 1911 年建造了第一台国际象棋机,用于国际象棋的决赛,双方对手为车与王。

光和电也启发了作家、科幻小说家和正在起步中的电影业。1923 年,捷克作家卡佩克(Capek)创造了一个机器人家族的形象,这个机器人家族的职责将人类从繁重的劳动中解放出来。并且,在他的小说里,机器人是有情感的。作为机器人,他们再也不能忍受被奴役的状态,而是会反抗他们的人类主人。在电影院里,类似的电影陆续上映,像《霍蒙库鲁斯(Homunculus,1916)》、《阿尔罗(Alraune,1918)》和《大都会(Metropolis,1926)》。

在工业和军事研究中,第一台用于有限计算任务的专用计算机建造于 20 世纪 30 年代。当然,开发用于通用程序控制的计算机,并且使它可以为不同的应用编程,对人工智能的研究至关重要。1936 年 4 月 11 日,德国工程师康纳德·祖泽 (K. Zuse,1910—1995)为其“借助计算机自动执行计算的方法”申请了专利。1938 年,Z1 成为第一个运用了该专利技术的机械装置;1941 年带有机电继电器开关的 Z3 取代了 Z1。

1936 年,英国逻辑学家和数学大师阿兰·图灵(Alan Turing,1912—1954)首次定义了计算机的逻辑数学概念:什么是与技术实现无关的自动计算方法?图灵理想的计算机需要一个无限大的内存和最小而最简单的程序命令;原则上对于任何计算机程序,无论多么复杂,都可以追溯到这些最简单的程序命令。

2.2　图灵测试

狭义的人工智能研究诞生于 1950 年,当时图灵发表了他的著名论文《计算机械与智能》,其中包括所谓的“图灵测试”。当且仅当一个观察者和被测试的系统(人或计算机)通过终端(如今天的键盘和屏幕)进行交流,观察者不能分辨他是在和一个人还是一台计算机打交道时,这台机器才能被称为“智能”的。在图灵的论文中,展示了来自不同应用领域的示例问题和示例答案,如以下包括 Q(问题)和 A(答案)的对话例子:

Q：请给我写一首关于福斯特桥湾的诗。

A：我必须跳过这个问题。我从来没有写过诗。

Q：34957 加 70764？

A：(等待大约 30 秒后给出答案)105721。

Q：你下棋吗？

A：是的。

Q：我的王现在在 e8，除此以外我没有别的棋子。而对手剩下在 e6 的王以及在 h1 的车。你作为对手的话，怎么走？

A：(过了 15 秒后)车从 h1 到 h8，将军。

图灵 1950 年表示："我相信到 20 世纪末，学者们的普遍观点将发生一定程度的变化，以至于人们能够毫无矛盾地谈论思维机器。"当今的计算机计算速度更快、更准确，下棋表现也更出色，这些事实不容否认。但人们也会犯错、欺骗、不准确、给出近似的答案，这些不仅仅是缺点，有时甚至可以在不确定的情况下将他们区分出来，以便让他们找到自己的解决方法。无论如何，这些反应都应该能够由机器实现。图灵的测试系统并不想写诗，也就是说它没有通过洛夫莱斯夫人的创造力测试，不过这样的事实也很难撼动图灵。谁生来就有创造力、就能写诗？

2.3 从通用问题求解到专家系统

1956 年，一些前沿的研究者，像麦卡锡(J. McCarthy)、纽维尔(A. Newell)和西蒙(H. Simon)等，在美国小城达特茅斯举行的机器智能会议上相互认识。他们的灵感都受到了图灵的问题——"机器能思考吗？"的启发。这次会议的一个特点是跨学科，参与者包括计算机科学家、无神论者、心理学家、语言学家和哲学家。因此，后来由诺贝尔经济学奖获得者、天才般睿智的希尔伯特·西蒙领导的跨领域小组，主张通过一个心理学方案来研究人类问题的认知过程和计算机决策技术。

在人工智能研究的第一阶段(大约在 20 世纪 50 年代中期到 20 世纪 60 年代中期)，仍然以乐观的预期为主，类似于莱布尼茨的数学宇宙，将通用问题解决程序应用于计算机。1957 年，纽维尔、肖(Shaw)和西蒙为罗素(Russell)和怀特海(Whitehead)的逻辑著作《数学原理》中前 38 个命题开发了"逻辑理论家"这个证明程序，1962 年，通用问题求解器(General Problem Solver，GPS)程序也被开发出来，旨在确定人类解决问题的启发式基础，不过实际结果却令人失望。但是，第一批用于特殊用途的程序，如解决代数任务的 STUDENT 和模拟对象模式识别的 ANALOGY，却被证明更为成功。研究发现，成功的人工智能程序依赖于适当的知识库("数据库")和快速检索程序。

在人工智能的第二阶段(大约在 20 世纪 60 年代中期到 20 世纪 70 年代中期)，可以观察到一种日益趋向于实用和专业化的编程，其典型代表是专业化系统的构建、知识表示方法和对自然语言的兴趣。美国麻省理工学院的莫瑟(J. Moser)开发了 MACSYMAL 程序，它实际上是一个特殊程序的集合，用于解决常用数学符号中的数学问题，这类程序（如集成和差异化）至今仍在实际应用中。

1972年，维诺格莱德（Winograd）设计了一个机器人程序，用一个磁性手臂来操纵不同形状和颜色的积木。构建积木的属性和位置要在数据结构中表示出来，通过改变积木和利用磁力臂能够实现对位置信息的编程。

在人工智能的第三阶段（大约在20世纪70年代中期到20世纪80年代中期），以知识为基础的专家系统因为承诺首先要实际应用而走向前台。人类专家（如工程师和医生等）确定的、可管理的专业知识应该可以提供给人们日常使用。基于知识的专家系统是一种人工智能程序，它存储特定领域的有关知识，并自动从中得出结论，以便找到具体的解决方案或提供对某些情况的诊断。

与人类专家相比，专家系统的知识是有限的。它缺乏通用的背景知识、没有记忆、没有感觉和动机，这些都可能因人而异。除了具有特殊领域的知识以外，一个世世代代从医的有经验的年长的家庭医生，会使用与刚离开大学的年轻专业医生不同的背景知识来进行诊断。

知识是表示专家系统的一个关键因素，可以区分为两种知识。一种知识涉及应用领域的事实，这些事实被记录在教科书和期刊上。同样重要的是在各自应用领域内的实践经验，被称作第二种知识，它是启发性的知识，是应用领域中的判断和问题解决实践的基础；它也是经验性知识，一个人类专家经过多年的专业实践后才能获得。

费根鲍姆（E. A. Feigenbaum）作为这一技术领域的先驱之一，将20世纪80年代中期基于知识的专家系统的发展与汽车工业的历史相比较。在人工智能的世界里，可以说第一辆汽车在1890年就出现了，即手动操作的无马汽车，但它已经是自动驾驶汽车了。就像亨利·福特（Henry Ford）在他那个时代有了第一批批量生产的原型一样，费根鲍姆也表示，基于知识的系统将进入量产阶段。因此，基于知识的系统被理解为“知识的汽车”。

参考文献

第 3 章 逻辑思维成为自动化

CHAPTER 3

3.1 逻辑思维意味着什么

在人工智能研究的第一阶段，对一般问题解决方法的探索至少在形式逻辑上是成功的。我们指定了一个机械化的程序，用来确定公式的逻辑真实性。这个程序也可以由计算机执行，这种执行在计算机科学中引入了自动证明的方法。

自动证明的基本思想很容易理解。在代数中，加法(+)或减法(−)等算术运算中要使用 x，y，z 等字母。这些字母用作插入数字的空格(变量)。在形式逻辑中，命题由变量 A、B、C 等表示，这些变量通过逻辑联结词联结起来，比如：与($\wedge$)、或($\vee$)、如果-就($\rightarrow$)、非($\neg$)。这些命题变量充当空格，使用其值或真或假的陈述句。例如，当 A 为一个逻辑值为真的命题 $1+3=4$，B 为逻辑值为真的命题 $4=2+2$ 时，逻辑公式 $A \wedge B$ 就变成了真命题：$1+3=4 \wedge 4=2+2$。而在逻辑上，这就得到了正确的推论：$1+3=4 \wedge 4=2+2 \rightarrow 1+3=2+2$。但是通常来说，像 $A \wedge B \rightarrow C$ 这样的推论是不正确的。不过，像 $A \wedge B \rightarrow A$ 这样的推论在逻辑上是成立的，因为 $A \wedge B$ 与 A 的真值相同。

要证明一个逻辑推论的一般有效性在实践中可能非常复杂。因此，1965 年罗宾逊(J. A. Robinson)提出了一种所谓的解决方法，根据这种方法，可以通过逻辑上的证伪过程(反证法)来找到证明方法。从相反的假设(否定)开始，即假设这个逻辑结论不成立，下一步就会发现这个假设的所有可能的应用实例都会导向一个自相矛盾的结果。因此，否定的否定是肯定的，原逻辑结论被证明是成立的。罗宾逊的解决方法使用了逻辑简化方法，根据这种简化方法，任何逻辑公式都可以转换为所谓的合取范式。在命题逻辑中，一个合取范式由否定和非否定的命题变量(字母)组成，它们通过与($\wedge$)、或($\vee$)符号联结起来。

【举例】 对于合取范式$(\neg A \vee B) \wedge \neg B \wedge A$，该式由$\neg A \vee B$、$\neg B$、$A$ 三个子句组成，它们通过$\wedge$联结起来。在这个例子里，字面意义上的$\neg A$ 逻辑上可以由$\neg A \vee B$ 和$\neg B$ 导出。原因很简单：$B \wedge \neg B$ 这样的联结对于 B 的每个应用实例而言总是假的，而$\neg A$ 逻辑上可以由$\neg A \wedge \neg B$ 导出。从$\neg A$ 和剩下的子句 A，在下一步中，紧接着的是总为假值的公式$\neg A \wedge A$

以及像这样的矛盾体 ε（“空词”）。

$$
\begin{array}{l}
\neg A \vee B \\
\quad \diagdown \\
\quad\quad \neg A - \neg B \\
\quad\quad\quad \diagdown \\
\quad\quad\quad\quad \varepsilon - A
\end{array}
$$

机械地看，这个过程包括从一个逻辑公式的联结元素中删除自相矛盾的部分命题（“解决方案”），然后用得到的“预解式”和该公式的另一个相应的联结元素重复这个过程，直到可以导出一个矛盾结果（“空词”）。

在相应的计算机程序中，因为是命题逻辑，这个过程是可终止的。因此，它在有限时间内判断了所提出的逻辑公式是否普遍有效。然而，根据先前已知的方法，这个计算时间随着一个公式中的字母数量呈指数级增长。考虑到“人工智能”，至少在命题逻辑中，原则上说，采用解析法的计算机程序至少可以自动判定逻辑结论的一般有效性。与计算机相比，要跟踪复杂和冗长的推论，人类的手工计算难度很大，并且速度要慢得多。随着计算能力的增加，机器可以更加有效地完成逻辑推演的任务。

在谓词逻辑中，一个命题被分解为属性（谓词），对象被分配给这个属性或被否定。因此，在命题 $P(a)$ 中，例如“安妮是个学生（Anne is a student）”，谓词“学生 student”（P）被指定给一个名为“安妮 Anne”（a）的个体。这个命题或者真，或者假。在状态 $P(x)$ 的谓词形式中，空格（单个变量）x、y、z 等用于假定应用领域的 a、b、c 等个体（例如，一所学校的学生）。除了谓词逻辑中的逻辑联结词，量词也可以被应用进来，例如 $\forall xP(x) \rightarrow \exists xP(x)$ 是谓词逻辑的一个普遍有效的推论。

对于谓词逻辑的公式，也可以设置一个通用的分解过程，以便从这个公式的一般无效性的假设中推导出一个矛盾。为此，谓词逻辑的公式必须转化为一种规范形式，从中可以机械地推导出一个矛盾。然而，由于在谓词逻辑（与命题逻辑相反）中，公式的一般有效性通常无法确定，因此可能出现解析过程不能结束的情况，然后导致计算机程序无限地运行。所以重要的是找到一些子类，在这些子类中计算过程不仅能有效地终止，而且能完全终止。机器智能确实可以提高决策过程的效率并加速它们；然而，它也与人类的智力类似，受到逻辑可判定性的原则性限制。

3.2　人工智能编程语言 PROLOG

要通过计算机解决一个问题，就必须将这个问题转换成一种编程语言。FORTRAN 语言就是一种最早的编程语言，它的一个程序由一系列发送给计算机的命令组成，如“跳转到程序中的 z 位置”“将值 a 写入变量 x”。这种编程语言的重点是变量，即存储和处理输入值的寄存器或存储单元。由于通过输入命令来执行，这种语言也被称为命令式编程语言。

另一方面，在谓词编程语言中，编程被理解为在由事实构成的系统中的证明过程。这种知识表示方法在逻辑学中普遍为人所知，相应的编程语言称为“逻辑编程”（即 PROLOG），自20世纪70年代初开始被使用，它的基础是谓词逻辑，这已经在第3.1节中介绍了。知识在谓词逻辑中表示为一组值为真的陈述句，知识处理是人工智能研究的核心，因此PROLOG是一种重要的人工智能编程语言。

这里将介绍PROLOG的一些模块，以阐明它与知识处理的联系。逻辑语句“对象$O_1,\cdots,O_n$之间存在一种关系R”对应于一个事实，在谓词逻辑中，它被赋予了一般形式$R(O_1,\cdots,O_n)$。在PROLOG中写作：

```
NAME(O1, …, On),
```

其中，*NAME*是任何一个关于关系的名称，以事实的语法形式表示的字符串被称为变量。

关于事实或变量的一个例子是：

```
married (Socrates, xantippe),
married (abélard, eloise),
is a teacher (Socrates, Plato),
is a teacher (abélard, eloise).
```

现在关于给定事实的陈述和证明可以被引入问答系统。问题用问号标记，其答案用星号标记：

```
? married (Socrates, xantippe),
 * yes,
? is a teacher (Socrates, xantippe),
 * no.
```

在这种情况下，问题还可以专门指代使用变量的对象。编程语言为此使用描述性名称，例如Man表示任何人，Teacher表示任何教师：

```
? married (Man, xantippe),
 * Man = Socrates,
? is a teacher (Teacher, xantippe),
 * Teacher = Socrates.
```

一般来说，PROLOG中的一个问题是“$L_1,L_2\cdots,L_n$都成立吗?”，或者简言之：

```
?L1, L2, …, Ln
```

其中，$L_1,L_2,\cdots,L_n$是变量。对于逻辑推论规则，如直接推论(modus ponens)就是：“如果$L_1,L_2,\cdots,L_n$是真的，那么L也是真的”，或者简言之：

```
L: - L1, L2, …, Ln
```

【举例】 一个规则的引入方式如下：

```
is a pupil (pupil, teacher): - is a teacher (teacher, pupil)
```

然后，根据给定的事实，求出：

```
? is a pupil (Student, Socrates),
 * Student = platon
```

PROLOG 基于一个给定的变量形式的知识库，使用解析方法可以找到一个问题的解决方案。

3.3 人工智能编程语言 LISP

除了用陈述性的谓词及其相互关系表示以外，知识也可以用函数和分类表示，就像数学中使用的函数和分类。因此，函数式程序设计语言不把程序看作事实和推理的系统(如 PROLOG)，而是把程序看作输出值集上的输入值集的函数。谓词编程语言涉及谓词逻辑，而函数式编程语言基于阿隆佐·邱奇(A. Church)在 1932/1933 年定义的用于计算规则的函数形式化的 λ-calculus 公式。LISP 是函数式编程语言的典例，早在 20 世纪 50 年代末由麦卡锡(J. McCarthy)在人工智能的第一个发展阶段开发出来。因此，它是历史最悠久的编程语言之一，诞生之初就与人工智能的目标相联系，把人类的知识处理方法应用到计算机上。知识以数据结构的方式表示，知识处理以作为有效函数的算法表示。

符号的线性列表在"列表处理语言"(LISP)中被用作数据结构。LISP 最小的(不可分割的)构建模块被称为原子，它可以是数字、数字序列或名称。在算术中，自然数是通过计数产生的，从作为"原子"的"1"开始，然后在前一个数 n 的基础上加 1 生成后续的 $n+1$。因此，所有自然数的算术属性都是递归性地定义的：首先为"1"定义一个属性；递归过程中，在为任意一个数 n 定义某种性质的前提下，也为后续的 $n+1$ 定义了这种属性。递归定义可以推广到任何一个有限的符号序列。因此，s 表达式("s"代表"符号")是由作为 LISP 对象的原子递归形成的：

(1) 一个原子是一个 s 表达式。

(2) 如果 x 和 y 是 s 表达式，那么 $(x.y)$ 也是。

s 表达式的例子：211，$(A.B)$，$(TIMES.(2.2))$，其中 211、A、B 和 TIMES 都被认为是原子。列表现在也是递归定义的：

(1) NIL("空符号序列")是一个列表。

(2) 如果 x 是一个 s 表达式，y 是一个列表，那么 s 表达式 $(x.y)$ 也是一个列表。

作为一种简化的表示法，空列表 NIL 被记为()，并且许多括号是以这种通用形式来表达的：

$$(S1.(S2.(\cdots(SN.NIL)\cdots)))$$

简化了的 $(S1,S2,\cdots,SN)$，列表也可以包含新的列表，作为其元素，这能构造非常复杂的数据结构。

LISP 编程意味着 s 表达式和列表的算法处理。一个函数应用程序称为一个列表，其中第一个列表元素是函数的名称，其余元素是这个函数的参数。这需要以下的基本函数：应用于 *s* 表达式的 *CAR* 函数返回左边的部分，

```
(CAR(x.y)) = x
```

CDR 函数给出右边的部分，

```
(CDR(x.y)) = y
```

CONS 函数将两个 *s* 表达式组合成一个 *s* 表达式，

```
(CONS x y) = (x.y)
```

如果对列表使用这些函数，*CAR* 返回第一个元素；*CDR* 返回列表的其余部分而不返回第一个元素；*CONS* 返回一个列表，第一个参数作为第一个元素，第二个参数是其余部分。

列表和 *s* 表达式也可以表示为二进制有序树。图 3.1(a)为通用列表(*S*1,*S*2,…,*SN*)的树状表示，以及基本函数 *CAR* 和 *CDR* 的各自应用，图 3.1(b)为 *s* 表达式(*A*.((*B*.(*C*.*NIL*))))的树状表示。诸如(*CAR*.(*CDR*.*x*))的函数组合表示两个函数应用的连续执行，其中首先计算内层函数。对于多参数的函数，首先计算所有参数的值，然后计算该函数的值。列表通常被视为一个函数的应用，那么(*ABCDEF*)意味着函数 *A* 将应用于 *B*、*C*、*D*、*E* 和 *F*。

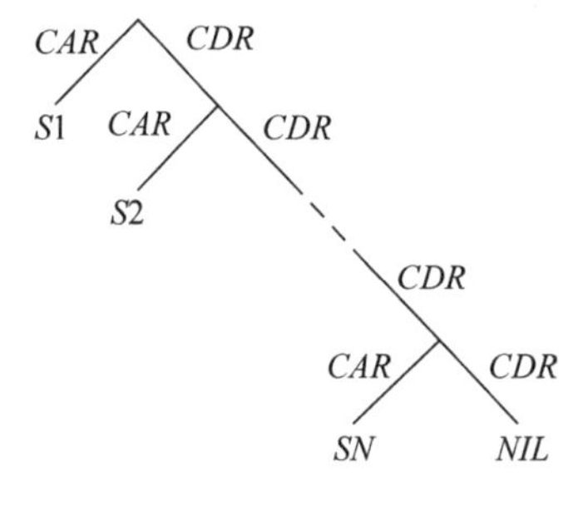

(a) 列表(*S*1,*S*2,…,*SN*)的树状表示

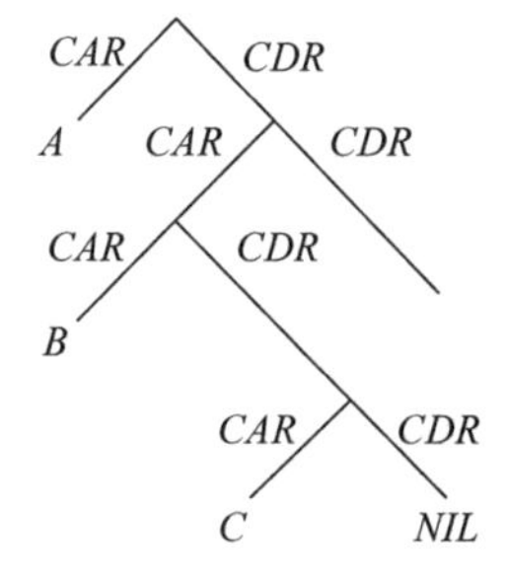

(b) *s*表达式(*A*.((*B*.(*C*.*NIL*))))的树状表示

图 3.1

当然，将列表解释为(有序的)符号集通常是有意义的。因此，当涉及数字排序任务时，(14235)可以理解为将函数 1 应用于参数 4、2、3、5 是没有意义的。在 LISP 中引入了符号 *QUOTE*，根据该符号，以下列表不应理解为函数指令，而是符号的枚举，如 *QUOTE*(14235)或简化为 '(14235)。根据定义，B是 *CAR*'(123)=1、*CDR*'(123)='(23)和 *CONS*1'(23)='(123)。虽然变量是用字母原子记录的，但非数字常量可以通过引用变量来区分，例如变量 *x* 和 *LISTE* 以及常数 '*x* 和 '*LISTE*。

根据这些约定，可以使用 LISP 中的基本函数来定义新函数。函数定义的一般形式如下：

```
(DE NAME (P1,P2,,…,PN) s - expression)
```

其中，$P1$，$P2$，…，PN 是函数的形式参数，NAME 是函数的名称。s 表达式是函数的主体，用形式参数描述函数的应用。如果在一个程序中，函数 NAME 以 NAME($A1$，$A2$，…，AN)的形式出现，则形式参数 $P1$，$P2$，…，PN 必须替换为函数体中相应的当前参数 $A1$、$A2$，…，AN 并且计算以这种方式更改的函数体。

【举例】 定义一个函数 THREE，它计算列表的第 3 个元素：

```
(DE THREE (LISTE)(CAR(CDR(CDR(LISTE)))))
```

其中，函数语句 THREE'(415)用(CAR(CDR(CDR'(415))))替换函数 THREE 主体中的形式参数，然后计算并返回值 5，即所提交列表中的第 3 个元素的值。

为了能够使产生函数的条件和案例区分，设计了新的原子，如 NIL 表示“假”，T 表示“真”，以及用来比较两个对象的新的基本函数(如 EQUAL)：

```
(EQUAL 12) = NIL,
(EQUAL 11) = T.
```

LISP 中条件表达式的一般形式如下：

```
(condition 1 s-  expression 1)
(condition 2 s-  expression 2)
⋮
(condition N s-  expression N)
```

如果第 i 个条件($1 \leqslant i \leqslant N$)提供逻辑值 T，并且所有先前条件提供值 NIL，则这个条件表达式的结果为第 i 个 s 表达式。如果所有条件都有值 NIL，则条件表达式获得值 NIL。

【举例】 定义一个可以计算列表长度的函数：

```
(DE LENGTH (LISTE)
(COND
((EQUAL LISTE NIL)0)
(T(PLUS(LENGTH
(CDR LISTE))1))))
```

第一个条件确定列表是否为空。在本例中，它的长度为 0。第二个条件假定列表不是空的。在本例中，通过将数字 1 加到由第一个元素(LENGTH(CDR LISTE))缩短的列表长度上，来计算列表的长度。

现在定义在 LISP 程序下通常所知道的内容。

【定义】 LISP 程序本身就是一个函数定义列表和要用这些函数定义求值的表达式：

```
((DE Funct 1 …)
(DE Funct 1 …)
⋮
(DE Funct N …)
```

s- expression)

所有先前定义的函数都可以在用点表示的函数体中使用。由于 LISP 程序本身又是一个 *s* 表达式，LISP 中的程序和数据具有相同的形式，因此 LISP 也可以作为程序的元语言，即 LISP 可以用来讨论 LISP 程序。由于符号和结构的灵活处理，使 LISP 对于人工智能中知识处理问题的进一步适用成为可能。数值计算只是特殊情况。

人工智能试图从算法层面构造解决问题的策略，然后将其转换成人工智能编程语言，如 LISP。搜索问题是人工智能的一个核心应用领域。例如，如果一个对象被大量搜索，而没有关于问题解决方案的知识，那么人类也会选择一种启发式解决方案，这就是大英博物馆算法。

大英博物馆算法的例子有：在图书馆里搜索一本书、一个保险箱中的数字组合，或在给定条件下有限可能性的化学公式。如果最终检查了所有的可能性或情况，并且满足以下条件，那么在本程序之后一定会找到解决方案：

(1) 有一组包含解决方案的形式对象。

(2) 有一个生成器，即该集合的完整枚举过程。

(3) 有一个测试，即谓词，它决定一个被创建的元素是否属于问题解决集。

因此，搜索算法也被称为"生成_测试(集合)"，首先从内容方面进行描述：

```
Function GENERATE_AND_TEST (SET)
If the SET quantity to be examined is empty,
    then Failure,
in other respects
    ELEM is the next element from SET;
If ELEM target element,
    then deliver it as a solution,
otherwise repeat this function
with the SET quantity reduced by ELEM.
```

要在 LISP 中表达此函数，需要辅助函数，其具体含义为：GENERATE 创建给定集合的一个元素。GOALP 是一个谓词函数，如果其参数属于该解集，则返回 T，否则返回 NIL。SOLUTION 处理要输出的解集元素。REMOVE 返回给定元素减少的数量。

LISP 中的形式如下：

```
(DE GENERATE_AND_TEST(SET)
(COND ((EQUAL SET NIL)'FAIL)
(T(LET(ELEM(GENERATE SET))
(COND((GOALP ELEM)(SOLUTION ELEM))
(T(GENERATE_AND_TEST
(REMOVE ELEM SET))))))))
```

这个例子清楚地表明，人类的思维不一定能够成为有效解决机械化问题的模型，目标是用富有表现力的人工智能编程语言，来优化人机界面。这些语言及其数据结构是否也模拟或描绘了人类思维的认知结构，属于认知心理学的一个课题。人工智能编程语言主要被用作计算机辅助工具，来优化解决问题的过程。

3.4 自动证明

如果要用计算机实现智能，那么就必须追溯回计算能力。但是，算术是一个机械化的过程，可以分解为基本的算术步骤，即小学生就可以完成基本的算术计算步骤。以波斯数学家阿尔·奇瓦里斯米(al-Chwarismi)的名字来谈论“算法”，他在公元800年左右发现了简单的代数方程的求解方法。1936年，图灵展示了如何将计算过程分解为一系列最小且最简单的步骤，因此他第一次在逻辑和数学上成功地发展了一种有效方法(算法)的一般术语。只有这样，才有可能回答一个问题在原则上是否可以计算，而不管相应的计算机技术如何。

图灵把他的机器想象成一个打字机，就像一个可移动的书写头，一个处理器可以将一个有限字母表中的区分良好的字符逐个打印到一个带状磁带上，如图3.2所示。带状磁带可以划分为一个个单独的字段，基本不受左右长度的限制。一个图灵机的程序由简单的基本指令组成，这些指令按顺序执行。机器可以打印或删除字母表中的符号，将读/写头向左或向右移动一个字段，然后经过许多步骤后停止。与打字机不同，图灵机可以逐个读取磁带中各个字段的内容，并执行后面的步骤。

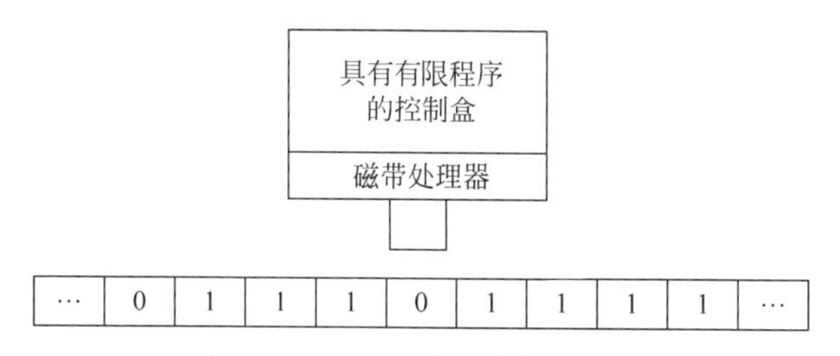

图3.2 具有打孔磁带的图灵机

一个有限字母表的例子由0和1两个字符组成，用它们可以表示所有自然数1,2,…。与计数一样，每个自然数1,2,3,4,…都可以通过加1产生，即1,1+1,1+1+1,1+1+1+1,…。因此，一个自然数就由图灵机的打字机条状磁带上由逐个打印的1的链表示。每个数字都以开头和结尾的数字0为界限。在图3.2中，数字3和4在带状胶带上被打印出来。

【举例】 一个计算3+4的加法程序包括删除两个1构成的链之间的0，并将左边的1链向右移动1字段的位置。因此，创建了一个包含7个1的链，即数字7的表示，然后程序停止。

不是图灵机的每个程序都像加法一样简单，然而原则上，使用自然数进行计算可以追溯到使用图灵机的基本命令来操作0和1。一般来说，算术上研究具有参数$x1,\cdots,xn$的n元函数f，例如$f(x1,x2)=x1+x2$。每个参数都是图灵磁带上由数字1构成的链所表示的一个数字，其余字段为空，即打印为0。现在，一个函数的图灵可计算性可以被通用地定义为：

在一条图灵带上的计算开始时，只有1组成的链，它们被零隔开，即$\cdots 0x_1 0x_2 \cdots 0x_n \cdots$。一个具有参数$x_1,\cdots,x_n$的$n$元函数$f$称为图灵可计算的，当且仅当有一个带标签$\cdots 0x_1 0x_2 \cdots 0x_n \cdots$的图灵机，在经过许多步骤后，停止在标记为$\cdots 0f(x_1,\cdots,x_n)0\cdots$的磁带处。函数值$f(x_1,\cdots,x_n)$由相应的1组成的链表示。

每个图灵机可以由它的指令列表唯一地定义。这个图灵程序由有限多个指令和有限集字母表中的字符组成，指令和字符可以用数字编码。因此，一个图灵机可以唯一地用一个数字代码（机器号）来表征，它用有限的字符数和排列来对相应的机器程序进行加密。与任何数字一样，这个机器号可以被记录为图灵磁带上的一系列0和1。因此，图灵用一个特定的具有一个给定图灵磁带的图灵机可以模拟任何类型磁带上的任何图灵机的行为。图灵称这种机器是通用的，它将所模拟机器的每一条指令（其机器代码记录在其磁带上）转换成任何给定磁带标记的相应处理步骤。

从逻辑的角度来看，任何一台通用的程序控制计算机（如约翰·冯·诺依曼或祖泽(Zuse)发明的计算机）都不过是这种通用图灵机的一种技术实现，它可以执行任何可能的图灵程序。今天的计算机是一种多用途的仪器，可以把它用作打字机、计算机、书籍、图书馆、视频设备、打印机或多媒体播放器，这取决于如何设置程序和运行何种程序。不仅如此，智能手机和汽车里也充满了计算机程序。原则上，这些程序中的每一个都可以追溯到一个图灵程序。由于它们有许多任务，这些图灵程序肯定会比今天所安装的程序更复杂、更庞大、更缓慢。但是，从逻辑的角度来看，这些技术问题是无关紧要的。原则上，每台计算机都可以计算同一类函数，这些函数也可以由图灵机通过任意增加内存容量和延长计算时间计算出来。

除了图灵机之外，人们还提出了定义可计算函数的各种其他方法，这些方法被证明与图灵机的可计算性在数学上是相等的。

丘奇(A. Church)在一个以他名字命名的论题（丘奇论题）中指出，可计算性的直觉概念完全可以被图灵可计算性这样的定义所涵盖。丘奇论题当然不能被证明，因为它将较为精确的术语（如图灵可计算性）和计算程序的直觉概念进行比较。然而，所有先前关于可计算性定义的建议在数学上都等同于图灵可计算性，这一点支持了丘奇论题。

如果想确定一个问题的解决方案有多聪明，必须首先弄清楚一个问题有多困难和复杂。在可以追溯到图灵的可计算性理论中，一个问题的复杂性是由解决它所需的计算消耗衡量的。根据丘奇论题，图灵机是对可计算性的精确度量。一个问题能否得到有效的判定，与它的可计算性直接相关。例如，一个自然数是否为偶数的问题，可以通过在有限步骤后检查所给定的自然数是否可被2整除来确定，这可以用一个图灵机的程序计算出来。

然而，对于待解问题来说，只运用一个特定的决策程序是不够的。这往往是一个寻找各种解决办法的问题。设想一个机器程序，它系统地列出了所有解决问题或满足某个属性的数字。

如果一个算术属性的实现数可以用有效的可计算方法（算法）枚举出来（找到），那么它就是有效可枚举的。

为了判断一个任意呈现的数字是不是偶数，有效地逐一列举所有偶数来确定要查找的数字是否包括在内是不够的，还必须能够有效地枚举所有非偶数(奇数)，以便确定要查找的数字是否属于不符合所需属性的数字集。

一般来说，如果一个集合及其补集(其元素不属于该集合)是有效可枚举的，那么它是有效可判定的。因此，每个有效可判定的量也是有效可枚举的。然而，有一些有效可枚举集是不可判定的。这就引出了一个关键问题，即是否也存在非计算(非算法)思维。

一个无法有效解决的问题的例子就是图灵机本身。

图灵机的停止问题。原则上，对于任意图灵机在任意输入下是否在有限步骤后停止的问题，没有通用的判定程序。

图灵从是否所有实数都可计算的问题开始，证明停止问题的不可判定性。类似 $\pi=3.1415926$ 的实数，小数点后由无限个数字组成，这些数字似乎是随机分布的。然而，可以设计一个有限的子程序或程序来逐步计算每个数字，使得 π 的精度逐步提高，因此 π 是一个可计算的实数。图灵在第一步中就定义了一个可证明的不可计算的实数。

【背景资料】 一个图灵程序由有限的符号列表和操作指令组成，可以用数字代码对它们进行加密。事实上，这也发生在计算机的机器程序中。这样，每个机器程序都可以用一个数字代码唯一地描述，称这个数字为机器程序的代码或程序号。现在设想一个所有可能的程序编号的列表，它们按照 p1，p2，p3，…的顺序排列，并且其尺度越来越大。如果一个程序计算一个在小数点后有无限位数的实数(如 π)，那么这会在相应的程序号之后的列表中被注明；否则该程序编号后面的行是空的，例如：

$$
\begin{array}{l}
\mathrm{p1}\ -.z_{\underline{11}}\ z_{12}\ z_{13}\ z_{14}\ z_{15}\ z_{16}\ z_{17}\cdots \\
\mathrm{p2}\ -.z_{21}\ z_{\underline{22}}\ z_{23}\ z_{24}\ z_{25}\ z_{26}\ z_{27}\cdots \\
\mathrm{p3}\ -.z_{31}\ z_{32}\ z_{\underline{33}}\ z_{34}\ z_{35}\ z_{36}\ z_{37}\cdots \\
\mathrm{p4}\ -.z_{41}\ z_{42}\ z_{43}\ z_{\underline{44}}\ z_{45}\ z_{46}\ z_{47}\cdots \\
\mathrm{p5}\ -.z_{51}\ z_{52}\ z_{53}\ z_{54}\ z_{\underline{55}}\ z_{56}\ z_{57}\cdots \\
\vdots
\end{array}
$$

为了定义这个不可计算数，图灵选择列表对角线上带下画线的值，对其进行修改(例如通过加 1)，并将这些修改后的值(用 * 表示)在新实数的开头用一个小数点组合起来：

$$-.z^*_{11}\ z^*_{22}\ z^*_{33}\ z^*_{44}\ z^*_{55}\cdots$$

这个新数字不能出现在列表中，因为它与在 p1 之后第一个数字的第一位数，p2 之后第二个数字的第二位数……小数点后的所有数字都不同。因此，用这种方式定义的实数是不可计算的。

通过这个例子，图灵在下一步中证明了停止问题的不可判定性。如果停止问题可以确定，那么就可以决定在有限的步骤之后，是否由第 n 个计算机程序($n=1,2,\cdots$)计算、停止和打印小数点后面的第 n 个十进制数。因此，可以计算一个实数，根据它的定义，它不能出现在所有可计算实数的列表中。

逻辑演算的形式推导(证明)可以理解为枚举方法，用它可以枚举逻辑真理的代码数字。

在这个意义上，一阶谓词逻辑(PL1)的逻辑真理集是有效可枚举的。然而，由于对于任何一个数字，无论它是否是 PL1 的可证公式(即逻辑真理)的代码数字，都没有一个通用的计算过程。应该强调的是，这种算法没有通用的决策程序。

【重点】 PL1 的形式逻辑演算是完整的，因为可以用它形式化地导出一阶谓词逻辑的所有逻辑真理。

相比之下，算术的形式主义及其基本算术运算是不完整的[1931 年哥德尔(K. Gödel)的第一个不完整性定理]。

与哥德尔的广泛证明相反，算术的不完全性直接来自图灵停止问题。

【背景资料】 如果有一个完整的形式公理系统，从中可以导出所有的数学真理，那么也将有一个关于计算机程序是否会在某个点停止的决策过程。

只需要简单地检查各类证明，直到找到程序停止的证据，或者找到它从未停止的证据。

因此，如果有一组有限的公理可以导出所有的数学证据，就可以判定一个计算机程序是否在有限的步骤后停止，这与停止问题的不可判定性相矛盾。

哥德尔第二不完整性定理表明，一个形式系统的一致性不能用系统本身的有限方法来证明，此处的有限证据是指模拟计数过程 1,2,3,…的程序。

如果将证明方法扩展到这类有限证明方法之外，形式数论的一致性就可以用更强的方法证明。这是逻辑学家和数学家根策恩(G. Gentzen，1909—1945)的基本思想，他使用该思想介绍了现代证明理论，并对后来计算机科学中的计算机程序产生了重要的推动作用。1936 年，图灵写了一篇关于决策问题的著名文章："我们也可以用这样一种方式来表达它：对于数论来说，不可能一劳永逸地指出充分的推论体系，而是可以一次又一次地找到命题，而命题的证明需要新颖的推论。"

应用到计算机上，不可能有这样的"超级计算机"，即它可以为任意输入决定所有可能的(数学)问题。然而，可以不断地补全已知的数学公式，以获得更丰富、更强大的程序。

【背景资料】 公式的复杂性导致要考虑可判定性的程度："对于所有自然数，都存在 n、m 以及自然数 p，使得 $m+n=p$(形式上：$\wedge m \wedge n \vee p\ m+n=p$)"。这个公式包括一个等式 $m+n=p$ 和变量 m、n、p，并通过一个存在量词和两个全称量词得到扩展。两个数的加法是有效可计算的，因此方程中声明的性质是有效可判定的。

一般来说，一个算术公式由一个有效可判定的属性组成，这个属性被逻辑量词扩展。根据这些量词的数量、类型和顺序，可以区分不同的复杂公式类别，它们对应于可判定性程度。

可判定属性对应于在经过许多步骤后停止的图灵机。如果加上量词，图灵机的概念必须扩展，因为计算过程可能要无限地运行几次(即沿所有自然数运行)，这些过程有时被称为"超级计算"。然而，这些只是计算机器的形式化模型，超出了物理计算机的技术物理实现。

值得注意的是，图灵在他的论文中已经讨论了超级可计算性的主题，并质疑了机器在有效算法之外的行为。

对于人工智能，可计算性和可判定性的类别和程度是基于逻辑和数学证明的，因此它们与物理计算机的技术性能无关。即使是未来的超级计算机也无法克服逻辑和数学定律！

就智力水平而言，原则上能否决定一个问题，不仅是解决问题的唯一有趣的方面，而且是如何以及用什么样的努力才能做出决定的问题。

【举例】 关注一个众所周知的问题：一个旅行商人不得不用尽可能短的路线，逐个把客户的订单送到不同的城市。例如，对于3个客户，有3种可能的路线：先到达第一个客户的城市；对于第二个客户，有2=3-1种可能的路线；对于第三个客户，只有1=3-2种路线到达那里，然后开车回家。因此，路线数包括3*2*1=6种可能性。数学家不说可能性而是说"阶乘"，然后写成3!=6。随着客户数量的增长，可能性快速增长，从4!=24、5!=120到10!=3,628,800。

一个实际应用是一台机器如何以最短路径在电路板上钻442个孔的问题。这种印刷电路板在家用电器、电视接收器或计算机中也有类似的数量。442!的数值是一个一千位以上的十进制数字，是无法一一尝试的。如何有效地解决这样的问题？

使用确定性图灵机的计算时间很长，是由于这样一个事实造成的：一个问题的所有局部问题和实例区别都必须逐个进行系统的检查和计算。因此，有时通过随机决策从有限的可能性中选择一个解决方案似乎更为明智。这就是非确定性图灵机的工作原理：它随机选择问题的一个可能的解决方案，然后证明所选的可能性。例如，为了决定一个自然数是否是一个合数，非确定性机器选择一个除数，去除所给定的自然数，会有余数，然后检查余数是否为0；如果余数为0，机器确认该数字是合数。另一方面，确定性图灵机必须系统地搜索所有除数，通过枚举每个小于给定自然数的数，将其作为除数去除这个自然数，看余数是否为0。

由一个确定性机器在多项式时间内决定的问题称为P问题。如果问题是由多项式时间的一个非确定性机器决定的，称为NP问题。根据此定义，所有的P问题也是NP问题。然而，是否所有的NP问题都是P问题，即非确定性机器是否能被多项式计算时间的确定性机器代替，仍然是一个悬而未决的问题。

今天还有一些尚未决定的问题，但可以确切地确定它们有多困难。从命题逻辑中，知道如何找出哪些基本命题是真是假，从而使得由这些基本命题组成的命题是真的（见3.1节）。

因此，当且仅当基本命题A或B都为真时，由逻辑联结词"与(and)"联结的基本命题A和B得到一个真正的复合命题。当且仅当至少一个基本命题为真时，由"或"联结的基本命题才产生真正的复合命题。在这些情况下，复合命题是"可满足的"。另一方面，由"与 and"联结的基本命题A及其否定并不构成一个可满足命题：两个基本命题不可能同时为真。

检查复合命题的所有真值组合的算法的计算时间取决于其基本命题的个数。到目前为止，还没有一种算法可以在短时间内解决多项式问题，也不确定这种算法是否存在。然而，美国数学家库克(A. Cook)在1971年证明了可满足性问题至少和其他NP问题一样困难。

如果一个问题的一个解决方案也能解决另一个问题，那么这两个问题的难度是相等的。在这个意义上等价于某一类问题的问题可以称为相对于该类问题的完全问题。在满足性问题之后，其他经典问题（如旅行商问题）也可以证明为NP完全问题。

NP完全问题被认为是极其困难的。因此，实践者不是在寻找精确的解决方案，而是在切实可行的限制下寻求几乎最优的解决方案，这里需要想象力和创造力。在实际的网络环境下，网络的规划问题和规划问题都在发生变化。所需的计算量、时间和存储容量越少，实际问题的解决方案就越便宜、越经济。因此，复杂性理论为实际的、智能的问题解决方案提供了框架条件。

在人工智能中，算法通过从数据结构中派生出更多的字符序列来实现知识处理，这符合自古以来数学证明的理想。欧几里得(Euclid)已经证明了数学定理是如何从只有通过逻辑推理才能假定为真的公理中推导和证明的。在人工智能中，出现的问题是数学证明是否可以转换为算法和"自动化"。在这背后，是一个基本的人工智能问题，即思维是否可以自动化以及在何种程度上可以由计算机执行。

关注这方面的一个经典证明：大约公元前300年，欧几里得证明了无穷多个质数的存在，他避免了"无限"一词，并声称："总有更多的素数比任何已有的素数都多"。素数是一个有且仅有两个自然数作为其除数的自然数，因此质数是大于1的自然数，它只能被自身和整数1除，例如2,3,5,7,…。

欧几里得用互为矛盾的证据来论证。他假设了互为相反的论断，在这个假设下有逻辑地得出了两个互相矛盾的结论，因此这个假设是错误的。如果现在要确定这个陈述是真是假，那么与该假设相反的是：这个陈述是真的。

【举例】 现在矛盾的证明：假设最后只有许多质数 $p_1,\cdots,p_n$。用 m 表示可以除以所有这些质数的最小数，乘积 $m=p1\cdot pn$。$m+1$ 的继任者有两种可能：

第一种情况：$m+1$ 是质数。根据定义，它大于 $p_1,\cdots,p_n$，因此是一个额外的质数，与假设相矛盾。

第二种情况：$m+1$ 不是质数。那么它必须有除数 q。假设 q 必须是质数 $p_1,\cdots,p_n$ 中的一个，这也使它成为 m 的除数，因此质数 q 将 m 和后继的 $m+1$ 分开。然后再除以 m 和 $m+1$ 的差，即1。但是这并不适用，因为根据定义，1作为除数时不能称为质数。

这个证明的缺点是没有建设性地证明质数的存在性，而只表明了假设的反面会导致矛盾。为了证明一个对象的存在，需要一个算法来创建一个对象并证明这个例子中的语句是正确的。在形式上，存在性论断称作 $A\equiv\exists xB(x)$(见第3.1节)。在简化形式下，可以用一个最终的多个数字组成的列表 $t_1,\cdots,t_n$ 来构造语句 B 的候选者，使或语句适用，即 $B(t_1),\cdots,B(t_n)$语句适用于至少一个所构造的数字 $t_1,\cdots,t_n$。如果，对于所有的 x 和 y，$B(x,y)$都存在，即形式上 $A\equiv\forall x\exists yB(x,y)$是有效的，那么需要一个算法 p，它为每个 x 值构造一个值 $y=p(x)$，以便对所有 x 的 $B(x,p(x))$是有效的，即形式上是 $\forall xB(x,p(x))$。在一个较弱的形式中，如果对于给定 x 值前提下，y 值的搜索过程至少可以计算一个上限 $b(x)$，即形式上 $\forall x\exists y\leqslant b(x)B(x,y)$，将满足这个结果。这样可以精确估计搜索过程。

因此，美国逻辑学家克雷塞尔(G. Kreisel)要求的证明不仅仅是验证。在某种程度上，它们是"冻结"的算法，只需在证明中发现它们，然后把它们"卷起"(展开证明)。它们也可以接管机器的计算。

【举例】 事实上，在欧几里得的证明中，一个建构程序是"隐藏"的。对于一个质数 p_r

的任何位置r(在枚举$p_1=2,p_2=3,p_3=5,\cdots$中),可以计算一个上限$b(r)$,也就是说,可以为每个提交的质数指定一个进一步的质数,但是,这些质数位于可计算的上限之下。在欧几里得证明中,最终假定了许多质数,这些质数小于或等于一个上限x,而$p\leqslant x$,由此可以构造出一个$1+\Pi p\leqslant x_p$的数,并由此导出矛盾。($\Pi p\leqslant x_p$是所有小于或等于x的质数的乘积。)因此,首先构造上限:

$$g(x):=1+x!\geqslant 1+\Pi p\leqslant xp$$

阶乘函数$1\cdot 2\cdot\cdots\cdot x=x!$可以用所谓的斯特林公式来估计。然而,针对的是第$r+1$个质数$p_{r+1}$的一个上界,它只依赖于$r$在质数计数中的位置,而不是未知的阈值$x\geqslant p_r$。欧几里得证明表明$p_{r+1}\leqslant p_1\cdot\cdots\cdot p_{r+1}$。由此可以证明,对所有$r\geqslant 1$(通过$r$的完全归纳),$p_r<2^{2^r}$。因此,要寻找的可计算势垒是$b(r)=2^{2^r}$。

在逻辑学和数学中,公式(即一系列符号)是一步一步推导出来的,直到一个结论的证明完成为止。计算机程序的工作基本上和证明一样,也是一步一步地根据定义的规则派生字符串,直到找到一个表示问题解决方案的形式表达式。例如,想象在装配线上制造一辆汽车,相应的计算机程序描述了汽车是如何根据规则,从预先设定的各个零件开始,一步一步地制造出来的。

一个客户想要一个计算机科学家的计算机程序来解决类似的问题。在一个非常复杂和令人困惑的生产过程中,他肯定希望事先证明这个程序能够运行正常。可能的错误会是危险的,或者会造成相当大的额外成本。有一种能自动从问题的形式属性中提取证据的软件,就像"数据挖掘"中的软件用于搜索数据或数据相关性一样,合适的软件也可以用于自动搜索证据以证明。这被称为"证据挖掘",对应于乔治·克雷塞尔(Georg Kreisel)从证明中过滤算法的方法(展开证明),但现在由计算机程序自动完成。

然而,这就提出了一个问题:用于提取证据的软件本身是否可靠。这种底层软件可靠性的证明可以在一个精确定义的逻辑框架内提供,这样客户就一定能确信计算机程序在正确地解决这个问题。因此,这种"自动证明"不仅对现代软件技术具有相当重要的意义,它也导致哲学上的深层问题,即(数学)思维在多大程度上可以自动化:证明的寻找是自动化的。然而,用于此目的的软件正确性证明是由一个数学家提供的。假设再次自动化这个证明,一个基本的认识论问题出现了:这难道不会导致人类退化,使得最终总是使用这类工具(必须使用)吗?

一个例子是交互式证明系统MINLOG,它自动从正式证据中提取计算机程序,并使用计算机语言LISP(见3.3节)。一个简单的例子:对于LISP中的每个符号列表v,总有一个反向列表w与v中符号的顺序相反。这是另一种形式的$A\equiv vwb(v,w)$的断言。通过对列表结构v的归纳,可以非正式地提供证明,MINLOG自动从中提取一个合适的计算机程序。但是这个软件也可以用于数学证明的要求。可靠性的一般证明保证这种软件提供正确的程序。

1969年,逻辑学家霍华德(W. A. Howard)观察到,根策恩(Gentzen)的自然演绎证明系统可以在其直观的版本中直接解释为计算模式的一种类型化变体λ演算(lambda计算)。

这种对数学证明理论的基本见解为新一代交互式和自动化的证明助手开辟了道路。

根据丘奇(A. Church)论题,$\lambda a.b$ 是指应用 $\lambda a.b[a]=b$,将元素 a 映射到函数值 b 上的函数。在下面,证明用术语 $a,b,c,\cdots$ 表示;命题用 $A,B,C,\cdots$ 表示。蕴涵 $A\rightarrow B$ 的证明(即如果 A,那么 B)从命题 A 的假设$[A]$(用括号标记的假设)和导出的命题 B 开始。这个证明被理解为函数 $a.b$,它将命题 a 的假定证明 A 映射到命题 b 的证明 B 上,后者用根策恩风格写成:

$$\begin{array}{l} [A] \\ \lambda a.b \quad \vdots \\ \underline{B} \\ A\rightarrow B \end{array}$$

根据丘奇论题,lambda 术语 $\lambda a.b$ 代表一个计算机程序。按照库里-霍华德(Curry-Howard)对应,一个证明被认为是一个程序,它证明的公式是程序的类型。在本例中,$A\rightarrow B$ 是程序 $\lambda a.b$ 的类型。

构造演算 CoC 是蒂埃里-科克安(Thierry-Coquand)等的一种类型理论,它既可作为类型化编程语言,又可作为数学的建设性基础。它将库里-霍华德对应关系推广到全直觉谓词演算中的证明。CoC 只需要很少的几句话来解释规则。CoC 的对象包括证明(以命题为类型的术语)、命题、谓词(返回命题的函数)和大类型(谓词类型)。

归纳结构演算 CiC 是以 CoC 为基础,丰富了构造术语的归纳定义。归纳类型是由一定数量的构造函数自由生成的。一个例子是自然数的类型,它由构造器 0 和 succ(继承者)来递归地定义。A 型元素有限列表的类型是用构造函数 NIL 和 CONS 递归地定义的(参见 3.3 节)。

证明助手 Coq 实现了一个基于 CiC 的程序,该程序将高阶逻辑和丰富类型的函数语言结合到一起。Coq 的命令允许下列操作:

(1) 定义(可有效评估的)函数或谓词。

(2) 陈述数学定理和软件规范。

(3) 交互式地开发这些定理的形式证明。

(4) 通过相对较小的认证对这些证明进行机器检查。

(5) 将认证程序提取为计算机语言(如 Objective Caml、Haskell、Scheme)。

Coq 提供了交互式证明方法、决策和半决策算法,与外部定理证明器的联结是可用的。Coq 是一个用于验证数学证明和 CiC 中计算机程序验证的平台。

一个硬件或软件程序如果可以被验证遵循 CIC 中给定的规范,则它是正确的("由 Coq 认证")。

【举例】 Coq 已应用于巴黎的 14 号线全自动控制。

电路的结构和行为可以用互连的有限自动机进行数学建模。在电路中,人们必须处理无限长的时间序列的数据(流)。如果在一定条件下结构自动机的输出流与行为自动机的输出流是相同的,那么电路是正确的。因此,为了证明电路的正确性,必须在 CiC 中实现自动机理论。

在软件和硬件验证方面，Coq 证明辅助工具有哪些优点？

（1）在 Coq 中，计算机程序的验证与构造形式主义中的数学证明一样强大。

（2）Coq 类型的使用提供了精确可靠的规范。

（3）分层和模块化方法允许在与预焙炉组件相关的复杂验证过程中获得正确性结果。

还有更多的证明助手，例如阿格达和伊莎贝尔（Agda 和 Isabelle）。从实际角度来看，人工智能程序的复杂性日益增加，而这些程序往往不能由具有数学证明准确性的证明助手来处理。在本书的后面，将面对现代机器学习中的安全性挑战。

参考文献

第4章 系统成为专家

CHAPTER 4

4.1 一个基于知识的系统架构

基于知识的专家系统是一种计算机程序,它存储和积累有关某一特定领域的知识,从中自动得出结论,以便为该领域的具体问题提供解决方案。与人类专家不同,专家系统的知识仅限于一个专门领域的信息库,而没有关于世界的一般性和结构性知识。

为了建立一个专家系统,必须以规则的形式表达专家的知识,翻译成程序语言,并用问题解决策略进行处理。因此,专家系统的体系结构由以下几个部分组成:知识库、问题解决组件(推理系统)、解释组件、知识获取和对话组件,这种知识的协调性是专家系统表示方法的关键因素。有两种类型的知识:一种知识涉及应用领域的事实,这些事实记录在教科书和期刊上。第二种知识同样重要,是在各自应用领域的实践性知识;它也是启发式知识,是在应用领域中作出判断和问题解决的成功实践的基础;它也是经验性知识,是成功假设的艺术,人类专家只有经过多年的专业工作实践后才能获得,如图4.1所示。

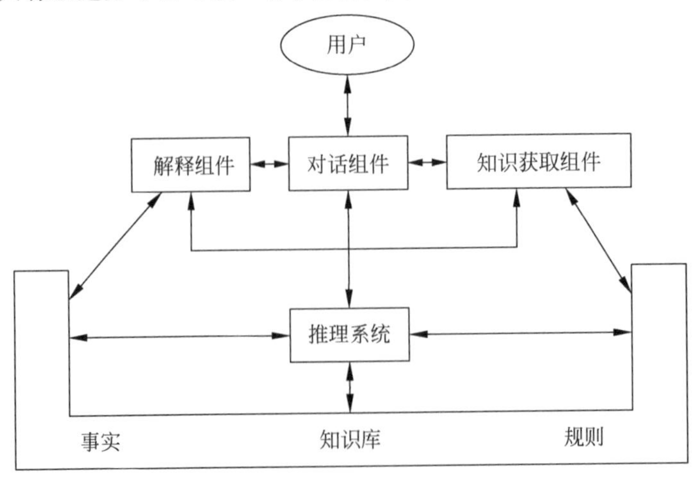

图4.1 基于知识的专家系统架构

就像很多专家并没有意识到的，启发式知识是最难被表现出来的。因此，受过跨学科培训的知识工程师必须学习人类专家的专家规则，将它们用编程语言表示出来，并将其转换为功能性的工作程序。专家系统的这一部分组件被称为知识获取。

专家系统中解释组件的任务是向用户解释系统的检查步骤。"如何"问题的目的是解释该系统所产生的事实或陈述，"为什么"问题要求对系统的问题或命令给出理由。对话组件涉及专家系统和用户之间的通信。

4.2　知识表示编程

一种广泛应用的知识表示方法是基于规则的。对于专家系统中的应用，规则被理解为"如果-就"这样的陈述句，先决条件描述了这样一种情形，其中的一个操作将要被执行，这意味着一种从一个前提推导出一个结论的演绎，例如一个工程师根据发动机的某些表现推断该发动机活塞有缺陷。但是，一个规则也可以理解为更改一个条件的一条指令，例如如果活塞有缺陷，必须立即关闭发动机并更换有缺陷的零件。

一个基于规则的系统包括一个包含有效事实或状态的数据库、用于推理新事实或状态的规则以及用于控制推理过程的规则解释器。联结这些规则的方法有两种：正向推理和反向推理，如图 4.2 所示。

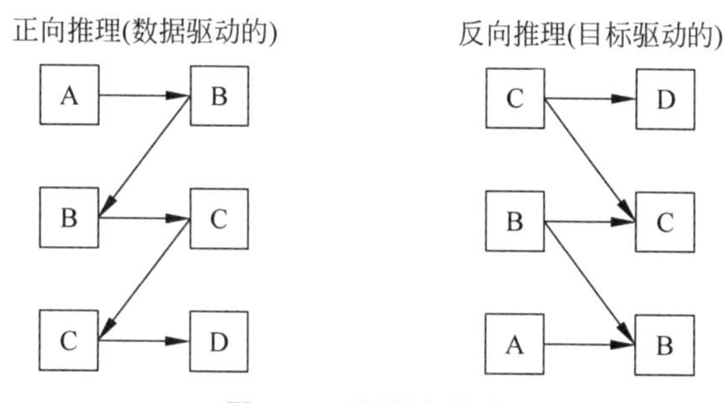

图 4.2　正/反向推理

正向链接方式：在给定的数据基础上，满足前置条件的一条规则会被选择出来，其动作部分被执行，从而改变了数据基础。重复此过程，直到无法应用更多规则为止，因此该过程是数据驱动的。在预选中，规则解释器首先确定所有可执行规则的系统，这些可执行规则作为相应专家系统的一部分可以从数据基础上导出，然后根据不同的条件从该集合中选择一个规则。一个特定的序列、一个规则的结构或者额外的知识都可能是决定性的。

反向链接方式：从目标开始，只有其动作部分包含该目标的规则，才会从目标开始被检查，因此该程序是目标驱动的。如果先决条件的某些部分是未知的，它们就会被查询，或者使用其他规则推理出来。如果知识库的事实仍然未知，就必须进行查询，则反向链接尤其适用。规则解释器现在从给定的目标开始工作，如果这个目标在数据库中是未知的，规则解释器必须首先决定目标是可以推理的还是要查询的。如果可推理，则执行所有规则，其中包含目标的操作部分。未知部分必须作为子目标，被查询和推理出来。

一个合格的专家具有复杂的基础知识，而一个专家系统中的结构化数据结构必须对应这些知识。对于这种知识结构，关于一个对象的所有语句通常都被归纳为一个示意性的数据结构，根据明斯基(M. Minsky)的说法，这种数据结构也称为“框架”。“框架”中一个对象所有属性的汇总的一个简单示例如下：

对象	特征	值
斑马	是一个	哺乳动物
	颜色	条纹状的
	有	蹄子
	体形	大
	生活区域	地面

属性也称为“槽”，其中的“填充物”即输入值。

历史上，明斯基使用语言模板来表示知识。因此，像“伽利略用望远镜观察木星”这句话中的事件，可以用以下网状框架来描述：

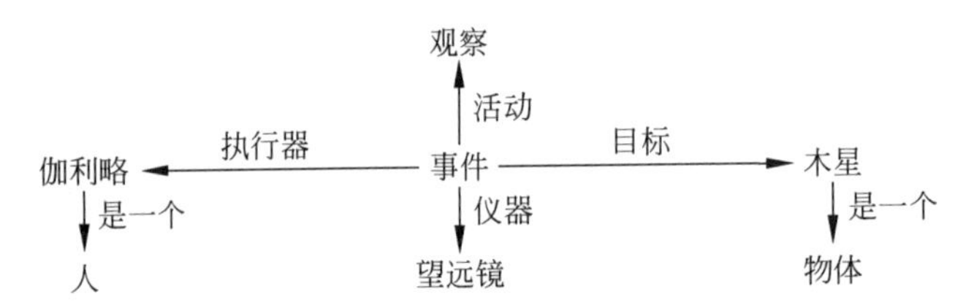

从中心节点“事件”出发的边，例如“活动”“执行器”“仪器”“目标”“是一个”等，形成一个语义网络的方案，其中引入了“伽利略”“望远镜”“木星”等特殊对象。定向边对应于“槽”(属性)，节点对应于“填充物”(值)。语义网络对这种结构的图形化表示显然清晰地呈现了复杂的数据结构。

在日常生活中，认知图式在不同的情境中被激活。这可能涉及对典型对象、典型事件中的行为或典型问题答案的识别，一个具体对象的相应“填充物”被填充到模式(“框架”)的“槽”中。例如，在医生的诊断任务中，可能有必要将患者的具体症状分类到由模式表示的一般性“临床图片”中。

对象之间的关系通常用所谓的“约束”来表示。它们适用于边界条件的表示，因为边界条件限制了问题性能的可能性。这些约束可以是约束条件，例如当工程师解决技术问题时；也可以是准备行政规划任务时的约束条件。如果问题是数学化的，那么这些约束由数学方程式表示，或者约束网络由方程组表示。

DENDRAL 是 20 世纪 60 年代末费根鲍姆(E. A. Feigenbaum)和其他学者在斯坦福开发的首批成功的专家系统之一。它利用化学家的特殊知识，为一个化学的求和公式寻找合适的分子结构式。在第一步中，所有数学上可能的原子空间排列都是根据给定的求和公式系统地确定的。

以 $C_{20}H_{43}N$ 为例，它有 4300 万种组合形式。根据绑定拓扑结构的化学知识，碳原子可以以多种方式结合，将可能的组合方式减少到 1500 万种。同时，关于质谱学、关于最可能的绑定稳定性的知识（启发式知识）以及关于核磁共振的知识，最终限制了所寻找的结构公式的可能性。图 4.3 显示了 C_5H_{12} 推导的第一步。

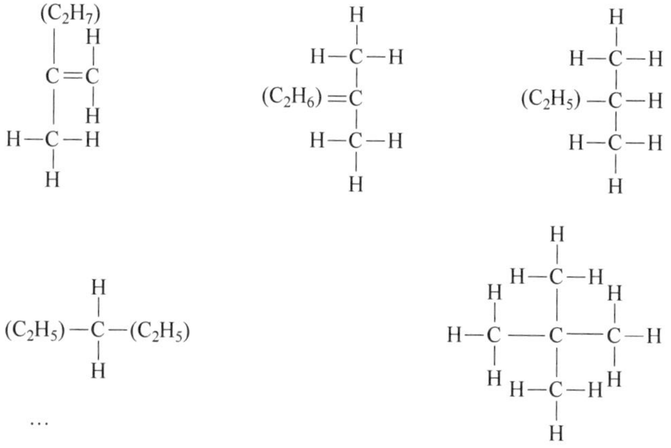

```
(C2H7)               H                        H
  |   H              |                        |
  |   |           H—C—H                    H—C—H
  C = C              |                        |
  |   |         (C2H6)=C              (C2H5)—C—H
  |   H              |                        |
H—C—H             H—C—H                    H—C—H
  |                  |                        |
  H                  H                        H

                                          H
                                          |
         H                            H—C—H
         |                        H           H
(C2H5)—C—(C2H5)                   |    |      |
         |                     H—C —— C —— C—H
         H                        |    |      |
                                  H           H
                                      H—C—H
 …                                        |
                                          H
```

图 4.3　DENDRAL 中一个化学结构式的推导

这里所使用解决问题的策略似乎只不过是熟悉的“大英博物馆算法”，在 3.3 节 LISP 语言编程中有描述。因此，程序是“产生和测试”(GENERATE_AND_TEST)，在产生部分系统地生成可能的结构，而化学拓扑学、质谱学、化学启发式和核磁共振都指定了测试谓词，以限制可能的结构公式。

将问题解决方案类型划分为诊断、设计和模拟任务是很有用的。典型的诊断问题领域是医疗诊断、技术诊断，例如质量控制、维修诊断或过程监控和对象识别。这就解释了为什么 DENDRAL 也解决了一个典型的诊断程序类问题，通过识别给定的化学式和适当的分子结构来达成。

专家系统的第一个医学实例是 20 世纪 70 年代中期斯坦福德大学开发的 MYCIN 程序。MYCIN 是为医学诊断编写的，它模拟了一位在细菌感染方面具有医学专业知识的医生。从系统上讲，它是一个带有反向链接的演绎系统，关于细菌感染的知识库约有 300 条，以下是一个典型规则。

【举例】 如果感染类型为原发性菌血症，疑似进入点为胃肠道，培养部位为无菌部位之一，那么有证据表明该生物体为类杆菌。

为了能够应用这些知识，MYCIN 需要逆向工作。对于 100 种可能的判断假设，MYCIN 试图找到实验室结果或临床观察已经证实的简单事实。由于 MYCIN 工作在一个演绎法几乎不可能安全应用的领域，一个可能的推理和概率评估的理论需要和推理过程联系起来。如图 4.4 所示，这些是和/或树中每个结尾所谓的安全系数。

在树中，F_i 表示用户分配给一种真实情况的安全系数、C_i 表示终端的安全系数、A_i 表示产生式规则的可靠性程度。在 AND 或 OR 节点计算相应公式的安全系数，如果数据规

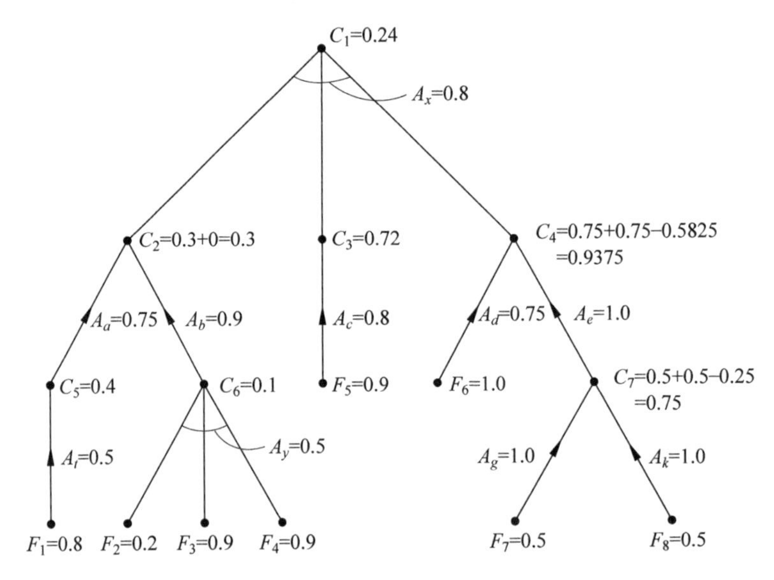

图 4.4　医学专家系统和/或树

范的安全系数不应大于 0.2,则认为它是未知的,并赋予数值 0。因此,程序根据或多或少的安全事实来计算确认度。MYCIN 已被广泛应用于各种诊断应用,而不用依赖于它在传染病方面的特殊数据库。

4.3　有限性、不确定性和直觉性知识

专家的区别并不在于能够绝对肯定地分辨真假,从而假装比他所了解的更准确。相反,一个好的专家能够评估将要出现的不确定性,如在症状评估的医学诊断中。因此,在专家系统中,经典逻辑通常不仅仅与真值的二价性(tertium non-datur)假设一起使用;除此之外,还假设了"安全""也许"和"可能"等不确定性值。科学理论中的一个老问题是,只有逻辑结论才具有确定性,即由 A→B 的假设和 A 所得出的直接结论(即 B 的真实性)是成立的。在这种情况下,A 是 B 的充分条件,而 B 是 A 的唯一必要条件,因此 A→B 和 B 在逻辑上并不强制得出 A,举例如下。

【举例】

(1) 如果病人感染了,就会发烧。

(2) 病人发烧了。

病人可能有感染。

由于其他必要条件,医生可能认为感染的临床表现可能性更高,但不一定是真实的。

【举例】 一位交通专家发现:

(1) 当车辆驶离公路时,司机常常睡着了。

(2) 车辆已驶离公路。

司机可能睡着了。

【举例】 一位经济专家说:

(1) 这是一项长期投资。

(2) 期望的收益率为10%。

(3) 投资领域尚未确定。

投资有一定的安全系数。

在科学理论中,统计推理和一个假设的归纳确认程度都是非常有趣的,这取决于对该假设的确认程度。作为专家系统中诊断评估的基本算法,以下过程适用:

(1) 从所有(可能)诊断的假设("先验")概率开始。

(2) 对于每个症状,修改所有诊断的(条件)概率(根据存在诊断的症状出现的频率)。

(3) 选择最有可能的诊断(贝叶斯定理常被用于某些症状假设下计算最可能诊断的一般公式)。

因此,专家的知识表示必须考虑不确定性因素。即使是专家使用的术语也并非总是明确界定,但它们仍然在使用。有关颜色、弹性和类似质量的信息只有在参考特定间隔时才有意义,这些间隔的限制似乎是任意设定的。对于设计师来说,一种颜色是黑色或已经是灰色,都被认为是相当模糊的,因此在科学理论中,试图构建一种"模糊逻辑"。如果没有适当的解释,悖论是不可避免的:当有 n 根稻草的稻草堆被称为大的,那么也有 $n-1$ 根稻草的稻草堆称为大的。如果重复使用这个推论,那么空的稻草堆也能称为大的。

经典逻辑中,知识的表示是建立在其结论在时间上不可改变的假设基础上的。然而事实上,知识库中还没有包含的新信息可能会使旧的推导失效。如果 P 是鸟,P 会飞:查利是鸟,但也是企鹅。因此,在经典逻辑中,虽然导出结论的数量随着假设事实数量的增加而增加(单调性),但实际上导出结论的数量可以随着新信息量的增加而受到限制(非单调性)。专家还必须将这种结论和判断的非单调性视为一种现实情况,因为对于即将到来的问题的解决办法,完全和无误差的数据收集是不可能的,往往成本太高或所需时间太长。

对于一个专家系统,改变知识库的输入数据需要重新计算对结论的评价。因此,数据库中的知识表示现在也提供了时间规范。在医学诊断中,关于症状的时间变化的信息是不可避免的。在这里,科学理论也对时间推理的逻辑做了开创性的工作,现在基于知识的专家系统的建设者们正在自觉或不自觉地实现这一逻辑。

哲学家德雷福斯(H. Dreyfus)区分了从初学者到专家的5级模型,其中应该强调了这一观点。在第一级,初学者采用的规则是没有考虑全局而固执地应用的,比如,学习者学习如何以固定的里程值换挡,学徒学习发动机的各个部分,玩家学习游戏的基本规则。在第二级,高级初学者已经偶尔提到与具体情况相关的特征,比如,学徒学习考虑某些材料的经验值,学习者学习由于发动机噪声等原因而切换齿轮等。在第三级,学习者已经具备一些能力,比如,已经通过了熟练工的考试,学徒已经学会了从所学的规则中设计解决复杂问题的策略,驾驶者可以恰当地协调并应用驾驶车辆的个别规则。根据德雷福斯的说法,这样的一个专家系统已经具备了较高性能。

大师和专家的下一级能力则不能被算法记录下来，因为它需要关于全局情况的判断力。比如，象棋大师能在一瞬间识别出复杂的一系列模式，并将其与已知的模式进行比较；赛车手凭直觉和感觉驾驶，与发动机和路况最佳适配；工程师则能基于对噪声的经验来判断引擎的故障所在。

如何成为一名优秀的管理专家？算法思维、计算机辅助问题分析和专家系统的使用有助于做些准备工作。如上文指出，专家系统首先缺乏一般的世界知识和背景知识。作为正确决策基础的全局观念，是无法从教科书或规划计算中学到的。经过基本训练后，管理者不再通过抽象的定义和一般的教科书规则来学习，而是尽可能地通过具体的例子和案例向团队学习，并能够与具体情况相结合来加以利用。具体的案例研究与全局意识相结合，提高了未来管理者的判断能力。

参考文献

第 5 章 计算机学会说话

CHAPTER 5

5.1 ELIZA 会识别字符串模式

在以知识为基础的系统背景下，图灵所提出的打动了早期人工智能研究人员的这一著名问题频频被再次提起：这些系统能“思考”吗？它们“具有智能”吗？分析表明，基于知识的专家系统和传统的计算机程序都是基于算法的。即使将知识库和问题解决策略分离也不会改变这一特点，因为专家系统的两个组成部分都必须用算法数据结构表示，最终才能在计算机上编程实现。

这也适用于通过计算机实现自然语言。一个例子是魏茨鲍姆(J. Weizenbaum)的 ELIZA 语言程序。作为人类专家，ELIZA 模拟精神病医生与病人交谈。这些是关于如何用“精神病医生”的特定句型对病人的某些句型做出反应的规则。一般来说，这是关于规则在各种情况下的适用性的识别或分类。在最简单的情况下，必须确定两个符号结构的相等性，这是由关于符号列表的 LISP 编程语言中的 EQUAL 函数确定的(见 3.3 节)。如果符号表达式中包含术语和变量，则存在一种扩展，例如：

$$(xBC)$$

$$(ABy)$$

这两项相等，因为变量 x 对应于原子元素 A，变量 y 对应于原子元素 C。通过引入变量，模式匹配可以识别一个模式的结构。为此，在 LISP 中定义了一个单独的运算符 MATCH(匹配)。日期与结构对应的最简单情况是常数相等，例如列表 AB 和 AB 相等：

$$(\mathrm{MATCH}'(AB)'(AB))=\mathrm{T}$$

不同的生成元在逻辑或数字中的作用类似于变量，导致类的形成。所以在符号“?”帮助下，任何对象都可以调整，例如：

$$(\mathrm{MATCH}'(?\ B)'(AB))=\mathrm{T}$$

$$(\mathrm{MATCH}'(?\ B)'\ ((AB)B))=\mathrm{T}$$

因此，该结构将每个具有两个元素的列表与 B 作为第二个元素进行比较。* 生成器比

较任何元素序列(包括空序列),例如:

(MATCH′(*B)′(B))=T

(MATCH′(*B)′(ABCB))=T

上述给定的结构将所有列表与结束元素 B 相匹配。这已经解释了理解算法结构的基本原理,该结构反映了 ELIZA 中精神病医生的知识。病人 P 和 ELIZA 之间的对话可以想象为这样:

【举例】

病人:MEN ARE ALL ALIKE(男人都是一个样子)

ELIZA:IN WHAT WAY(何出此言)

病人:THEY'RE ALWAYS BUGGING US ABOUT SOMETHING OR OTHER(他们总是为某些事情烦扰我们)

ELIZA:CAN YOU THINK OF A SPECIFIC EXAMPLE(你能说出一个具体的例子吗)

病人:WELL; MY BOYFRIEND MADE ME COME HERE(是我男朋友让我来的)

ELIZA:YOUR BOYFRIEND MADE YOU COME HERE(你男朋友让你来的)

病人:YES; I AM VERY SAD(是的,我很伤心)

ELIZA:YOU ARE VERY SAD(你很伤心)

病人:SAD AND DEPRESSED(悲伤且沮丧)

ELIZA:PLEASE GO ON(请继续)

…

如果患者使用了某些句型,这些句型通过模式匹配被 ELIZA 识别,则以下规则允许推导出 ELIZA 的答案:

```
'(((*AM *B)→(APPEND'(YOU ARE)B))
((*ARE*)→'(IN WHAT WAY))
((*ALWAYS*)→'(CAN YOU THINK OF A SPECIFIC EXAMPLE))
((*MY * B ME * C)→(APPEND'(YOUR)(APPEND B(CONS'YOU C))))
((*L)→'(PLEASE GO ON)))
```

第二条规则是:如果病人的句子中含有 ARE,用“WHAT WAY”来回答。在输入句子“MEN ARE ALL ALIKE”(男人都是相似的)中,*运算符代表的 MEN 出现在 ARE 之前,而 ALL ALIKE 出现在 ARE 之后。

第四条规则是:如果在病人的记录中,单词 MY 和 ME 被列表*B 隔开,并且记录以列表*C 结尾,那么 ELIZA 会做出反应,首先将 YOU 和 C 部分组合在一起(CONS'YOU C),然后应用 B 部分,最后应用′(YOUR)。

因此,在程序语言 LISP 示例中,与 ELIZA 的对话只是语法符号列表的派生。从语义上讲,结构的选择与口语娱乐习惯相对应。最后一条规则是一种典型的尴尬反应,因为它也发生在实际的对话中:如果任何符号列表(*L)没有被专家识别(也就是谈话中的噪声等),那么它就会装作一副聪明的嘴脸,说“请继续”。

决不能把孩子和洗澡水一起扔出去，从这个对话的简单算法结构中得出结论，模拟图灵测试只是一个魔术。ELIZA 这个简单的例子清楚地表明，派对上的讨论以及对人类专家的提问都是由基本模式决定的，只能在一定程度上有所不同。这些各自的基本模式由许多专家系统描述，算法捕捉得不多不少。然而，与专家系统不同的是，人类不能被简化为单独的算法结构。

5.2 自动机和机器识别语言

计算机基本上把文本处理成某种字母表的对应符号序列。计算机程序是计算机键盘字母表(即键盘按键上的符号)所构成的文本。这些文本在计算机中自动翻译成机器语言的字节序列，即由 0 和 1 两个数字组成的字母表的符号序列，这两位数字代表计算机的替代技术状态。通过这些文本及其技术过程的翻译，计算机的物理机器开始运行。下面，首先讨论一个由不同类型的自动机和机器所理解的形式语言构成的一般系统。人类的自然语言，以及其他生物的交流手段，都被认为是在特殊情境下的特殊情况。

【定义】 字母表 Σ 是一组有限的(非空的)符号(根据应用，也称为字符或字母)。例如：

$\Sigma_{bool}=\{0,1\}$是机器语言的布尔字母表；

$\Sigma_{lat}=\{a,b,\cdots,z,A,B,\cdots,Z\}$是一些自然语言的拉丁字母；

$\Sigma_{keyboard}$ 由 Σ_{lat} 和键盘上的其他符号组成，如 B.!、′、§、$ 和空格字符(作为符号之间的空白)。

关于 Σ 的一个词是一个有限的或空的符号序列。ε 被称为空词。单词 w 的长度$|w|$表示一个单词的符号数(对于空单词，$|\varepsilon|=0$；而对于键盘空格，$|␣|=1$)。单词的例子包括：

布尔字母表 Σ_{bool} 上的“010010”，

键盘的字母表 $\Sigma_{keyboard}$ 上的“Here we go!”。

表示字母表 Σ 上所有单词的集合。

例如：$\Sigma_{bool}^*=\{\varepsilon,0,1,00,01,10,11,000,\cdots\}$

字母表 Σ 上的一种语言 L 是 Σ 的子集。

来自 Σ^* 的单词 w 和 v 的联结与 wv 结合在一起。因此，L_1L_2 是语言 L_1 和 L_2 的连接，这两种语言是由连接词 wv 派生的，w 来自 L_1，v 来自 L_2。

自动机或机器什么时候能识别一种语言？

一种算法(如图灵机或计算机——根据丘奇的论文)识别一个字母表 Σ 上的一种语言 L，如果它能从 Σ^* 中判定所有符号序列 w 是否是 L 中的一个词，我们认为它具备识别语言 L 的能力。

区分自动机和能够识别不同复杂度语言的机器。有限自动机是一种特别简单的自动机，它可以在有限内存的基础上毫不延迟地描述过程。例如电话线路、加法、操作咖啡机或控制电梯。乘法不能用有限自动机进行，因为在处理过程中有延迟的中间计算是必要的。

这也适用于单词的比较，因为它们可以是任意长度的，并且不能再被缓冲在有限的内存中。

一个有限自动机如图 5.1 所示。这里有一个存储程序，一个带输入单词的磁带和一个读磁头，它们只能在磁带上从左向右移动。这个输入磁带可以理解为输入的线性存储器，它分为几个部分，每个字段作为一个存储单元，包含字母表 Σ 的符号。

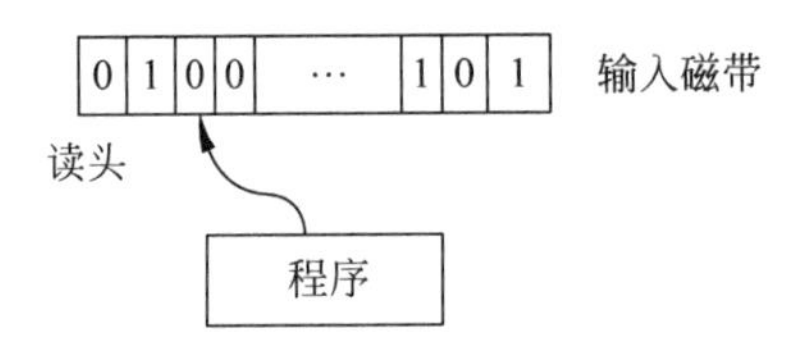

图 5.1 有限自动机示例图

对于语言识别，有限自动机的工作是从字母表 Σ 上输入一个单词 w 开始的。在输入过程中，有限自动机处于某种状态 s_0，每一个有限自动机都有一组接受状态（或结束状态）的特征。在进一步的处理步骤中，符号序列和机器各自的状态发生变化，直到最后，经过许多有限的步骤，到达状态 s 中的空字 ε。当这个最终状态属于自动机的可分辨接受状态时，则有限自动机已经接受了这个词。在另一种情况下，单词 w 被自动机拒绝。因此，有限自动机在读取输入字的最后一个字母后，如果它处于接受状态，则接受该输入单词。

【定义】 一个有限自动机 FA 所接受的语言 L(FA)由 Σ^* 中的接受单词 w 组成。

有限自动机 FA 所接受的所有语言的类 L(FA)称为正则语言类。

正则语言以正则表达式（单词）为特征，通过交替、联结和重复从字母表的符号中产生。例如，考虑字母表 $\Sigma=\{a,b,c\}$，正则语言的一个例子包含由任意数量的 a（a 的重复，例如 a、aa、aaa，…）或任意数量的 b（b 的重复，例如 b、bb、bbb、…）所组成的所有单词的语言；正则语言的另一个例子包含所有以 a 开头、以 b 结尾、中间只有 c 的重复的单词，例如 acb、$accccb$。

为了证明一种语言不是正则的，只要证明没有接受它的有限自动机就足够了。除了当前状态外，有限自动机没有其他的存储可能性。因此，如果一个有限自动机在读了两个不同的单词后，再次以相同的状态结束，它就不能再区分这两个单词了：它“忘记”了这个区别。

【定义】 确定性有限自动机是由确定性过程决定的。每个配置都由机器的状态和单词定义。一个程序完全而明确地从机器状态和相关联的单词确定配置的顺序。

非确定性有限自动机允许在某些配置中选择几个可能的后续配置。

因此，一个不确定的算法可能导致指数级多的可能性。一般来说，没有比用确定性算法模拟所有可能方案更有效的方法了。即使在有限自动机的情况下，也可以证明语言识别可能性的非确定性扩展并没有带来任何新的东西：确定性有限自动机接受的语言与非确定性有限自动机相同。

一个图灵机可以理解为一个有限自动机的扩展，包括：

(1) 包含程序的有限控件；

(2) 作为输入磁带和内存的无限长的磁带；

(3) 可双向移动磁带的读/写磁头。

图灵机类似于有限自动机，它在有限的字母表上工作，使用的磁带在开头包含一个输入字。与有限自动机不同，图灵机也可以使用无限的磁带作为存储器。有限自动机可以扩展到图灵机，方法是用读/写头代替读头，并将其向左移动。

一个图灵机（TM）由初始状态、接受状态和拒绝状态决定。当TM到达接受状态时，它接受输入单词，而不管读/写头在磁带上的什么位置。当TM到达拒绝状态时，它拒绝输入单词并停止。然而，即使一个单词在有限步数的输入后没有停止，也会被TM拒绝。

【定义】 一个图灵机TM所接受的语言L(TM)由Σ^*中的接受单词w组成。一个图灵机TM所接受的所有语言的类L(TM)称为递归可枚举语言类。

一种语言被称为递归的或可判定的，如果有一个图灵机TM，它可以用于Σ^*中的所有单词w，来决定w是否被接受（并且属于该语言）或不被接受（因此不属于该语言）。

根据丘奇论题（见第3.4节），图灵机是计算机的逻辑数学原型，与它作为超级计算机、笔记本电脑或智能手机的技术实现无关。然而，实际的计算机具有所谓的冯·诺依曼体系结构，其中用于程序和数据的存储器、中央处理单元和输入在技术上是独立的单元。在图灵机中，输入和存储器合并成一个磁带单元，读和写合并成一个读/写磁头。这在理论上不是问题，因为多磁带图灵机有多个自己的读/写头的磁带，然后它们接管了冯·诺依曼体系的独立功能。从逻辑上讲，单磁带图灵机等价于多磁带图灵机，这意味着单磁带机可以模拟多磁带机。

与有限自动机类似，确定性图灵机可以扩展到非确定性图灵机。一个非确定性图灵机最终可以在一个输入单词之后跟随许多选择。这些加工操作可以图形化地想象为一棵分枝树。如果这些操作中至少有一个结束于图灵机的接受状态，则接受输入单词。深度搜索作为这种分支树的加工策略与广度搜索不同。在深度搜索中，会逐个测试分支树的每个分支，以检查它是否以可接受的最终状态结束。在广度搜索中，所有分支同时被测试到一定深度，以判断其中一个分支是否达到接受状态。这个过程逐步地重复，直到机器随之停止运转。通过分支树的广度搜索，非确定性图灵机可以被确定性图灵机模拟。

一般来说，没有更有效的非确定性算法的确定性模拟被称为非确定性算法的所有计算的逐步模拟。然而，这是有代价的：当非确定性被确定性模拟时，计算时间呈指数级增长。到目前为止，还不知道是否存在更有效的模拟，然而这种模拟是否存在还尚未得到证实。

从自然语言中已经习惯了这样一个事实：它们的单词和句子是由语法规则决定的。每种语言都可以由一种语法决定，即一套适当的规则体系。a、b、c等终端符号和非终端符号（非终端）的数字A、B、C，…；X、Y、Z，…不同。非终端符号的使用类似于变量（空格），可以用其他词代替。

【举例】 一个语法示例：

终端符号：a，b

非终端符号：S

规则：

$R_1: S \to \varepsilon$

$R_2: S \to SS$

$R_3: S \to aSb$

$R_4: S \to bSa$

单词 $baabaabb$ 的派生词：

$S \to R_2\ SS \to R_3\ SaSb \to R_3\ SaSSb \to R_4\ bSaaSSb \to R_1\ baassb$

$\to R_3\ baabSaSb \to R_1\ baabaSb \cdots \to R_3\ baabaaSbb \to R_1\ baabaabb$

显然，语法是生成符号序列的非确定性方法。几个规则允许有相同的左侧。此外，如果存在多个选项，则不指定首先将哪个规则应用于单词中的替换。

在语言学中，语法是用来从句法上描述自然语言的。句法范畴如<*sentence*>、<*text*>、<*noun*>和<*adjective*>作为非终结语引入。可以用适当的语法规则派生出文本。

【举例】 用语法规则推导文本：

< text >→< sentence >< text >
< sentence >→< subject >< verb >< object >
< subject >→< adjective >< noun >
< noun >→< tree >
< adjective >→[green]

乔姆斯基(N. Chomsky)认为，可以给出不同复杂度的语法层次。由于相应的语言是由语法规则生成的，他也把它们称为生成语法，如以下定义。

【定义】

1. 正则语法

最简单的类是正则语法，它精确地创建了正则语言这个类别。一个规则语法的规则形式为：$X \to u$ 和 $X \to uY$，对于一个终端 u 和非终端 X 和 Y。

2. 上下文无关语法

所有规则都有 $X \to \alpha$ 的形式，其中有一个非终端 X 和一个来自终端和非终端的单词 α。

3. 上下文相关语法

在规则中，$\alpha \to \beta$ 是单词长度不大于单词 β 长度的单词 α 的长度。因此，导出结果中没有部分词 α 可以被一个短的部分词 β 代替。

4. 无限语法

这些规则不受任何限制。

上下文无关语法与正则语法的不同之处在于，一个正则规则的右侧最多包含一个非终结符。与无限语法不同，上下文相关语法不包含左侧单词长度大于右侧单词的规则。因此，在计算机中，无限语法可以生成任意内存内容，从而模拟任意派生词。

不同的语法与机器和识别这些语言的机器有什么关系？可以为每个正则语法指定一个等价的有限自动机，它可以识别相应的正则语言。相反，可以为每一个有限自动机指定一个等价的正则语法，用它生成相应的正则语言。

上下文无关语法创建上下文无关的语言。可以引入下推自动机，作为识别上下文无关语言的一种合适的自动机类型。

【定义】 下推自动机，如图 5.2 所示，有一个输入磁带，它在开始处包含输入单词。与有限自动机一样，读取头只能从左向右读取和移动。因此，磁带只能用来读取输入，而不能像图灵机那样作为内存。然而，与有限自动机不同，下推自动机在读取符号后不必随读头向右移动，它可以保持在磁带的同一区域，并对存储区中的数据进行编辑。下推自动机只能访问和读取存储区的顶部符号，如果要访问更深层次的数据，则必须不可撤销地删除以前的数据。原则上，存储区是一个不受限制的磁带，最终有许多访问的可能性。

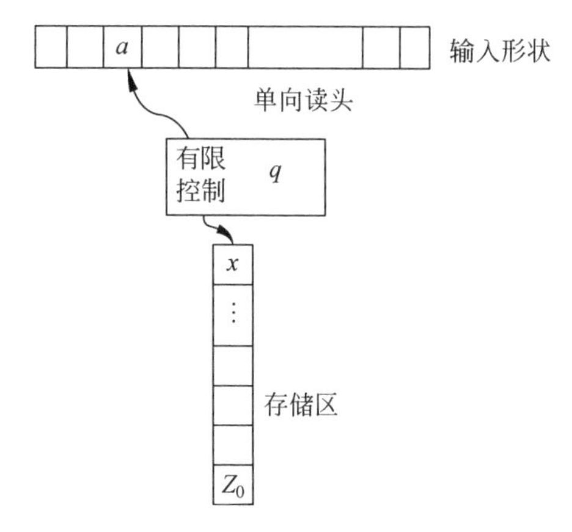

图 5.2 下推自动机的结构

因此，存储区的自动机从输入磁带上的读符号、最终控制的状态和存储区的顶部符号开始工作。在进一步的操作中，它改变状态，用读头向右移动一个字段，并用一个单词 α 替换存储区最上面的符号 X。

非确定性下推自动机准确识别上下文无关语言的类别。因此，非确定性的存储区机等价于上下文无关语法，后者正好生成上下文无关语言。在计算机科学中，上下文无关语法适合于表示编程语言。上下文无关语法生成的单词对应于所构建的编程语言的正确程序，因此上下文无关语法适合构建编译器。编译器是计算机程序，它将用特定编程语言编写的另一个程序翻译成可以由计算机执行的形式。

在乔姆斯基层次结构中，遵循上下文相关语言，这些语言是由上下文相关语法生成的。上下文相关语言被识别为图灵机的一种受限机类型：一个线性有限自动机是一种图灵机，其工作磁带受输入单词长度的限制。使用两个附加符号来标记输入字的左端或右端，并且在处理过程中不能超过这两个符号。

非确定性线性约束自动机识别的语言集等价于上下文相关语言集。到目前为止，还没有证明确定性线性有限自动机是否接受与非确定性自动机相同的语言类。

【重点】 无限的语法能精确地生成由图灵机识别的递归可枚举语言。因此，递归可枚举语言集正是可以由语法生成的所有语言的类别。

因此，不能递归枚举的语言只能被位于图灵机之外的机器所识别，也就是说，直观地“可以比图灵机做得更多”。这是人工智能的核心问题，即智能是否可以简化为作为计算机原型的图灵机，或者更多。

生成语法不仅生成句法符号序列，它们也决定句子的意思。乔姆斯基首先将句子的表面当作短语和短语组成的结构来分析，它们被进一步的规则分割成更多的部分，直到最终一个自然语言句子中的单个单词可推导。然后，句子由名词性短语和动词性短语组成，名词性短语由冠词和名词组成，动词性短语由动词和名词性短语组成，等等。因此，句子可以有不同的语法深度结构，以表示不同的意义。

因此，同一个句子可以有不同的意思，这是由不同的语法深度结构决定的。在图 5.3 中，“She drove the man out with the dog”，这个句子的意思是女人在狗的帮助下把男人赶出去(*a*)；但是，这个句子也可以有这样的意思：一个女人赶走了一个带着狗的男人(*b*)。产生规则如下，其中< *S* >指代 sentence(句子)，< *NP* >指代 nominal phrase(名词性短语)，<*VP* >指代 verbal phrase(动词短语)，< *PP* >指代 prepositional phrase(介词短语)，< *T* >指代 article(冠词)，< *N* >指代 noun(名词)，< *V* >指代 verb(动词)，< *P* >指代 preposition(介词)，< *Pr* >指代 pronouns(代词)。

< *S* >→< *NP* ><*VP* >	< *Pr* >→[she]
< *NP* >→< *T* ><*N* >	<*V* >→[drove]
< *NP* >→< *Pr* >	< *T* >→[the]
< *NP* >→< *NP* ><*PP* >	< *T* >→[the]
<*VP* >→<*V* ><*NP* >	< *N* >→[man]
<*VP* >→<*VP* ><*PP* >	< *N* >→[dog]
< *PP* >→< *P* ><*NP* >	<*P* >→[with]

生成语法是对这种递归产生式规则的计算，它也可以通过图灵机来实现。利用这一生成语法，导出了 *a* 和 *b* 不同意义的两个深度结构，如图 5.3 所示。

自然语言只在句子的表层结构上有所不同。乔姆斯基认为，生产规则的使用是普遍通用的。使用一个模拟有限多个递归产生式规则的图灵程序，可以生成任意数量的句子及其深度语法。

语言哲学家福多(J. Fodor)仍然相信乔姆斯基理论，因为他就语言的深度结构和普遍性假设了心理上真实的认知结构，这是所有人类固有的。精神被理解为一个具有普遍性和内在性的语义表征系统，所有概念都可以分解到其中。福多说的是一种“思想的语言”。

然而，人与人之间的交流绝不局限于对事实的看法交换，交流是由追求意图并引发环境变化的言语行为组成的。继英国语言哲学家奥斯汀(J. L. Austin)之后，美国哲学家赛厄(J. Searle)引入了言语行为的概念。一种言语行为，如“你能告诉我某个人的情况吗?”是由各种动作成分决定的。首先，必须观察反应的传递过程(言语行为)。言语行为与说话人的

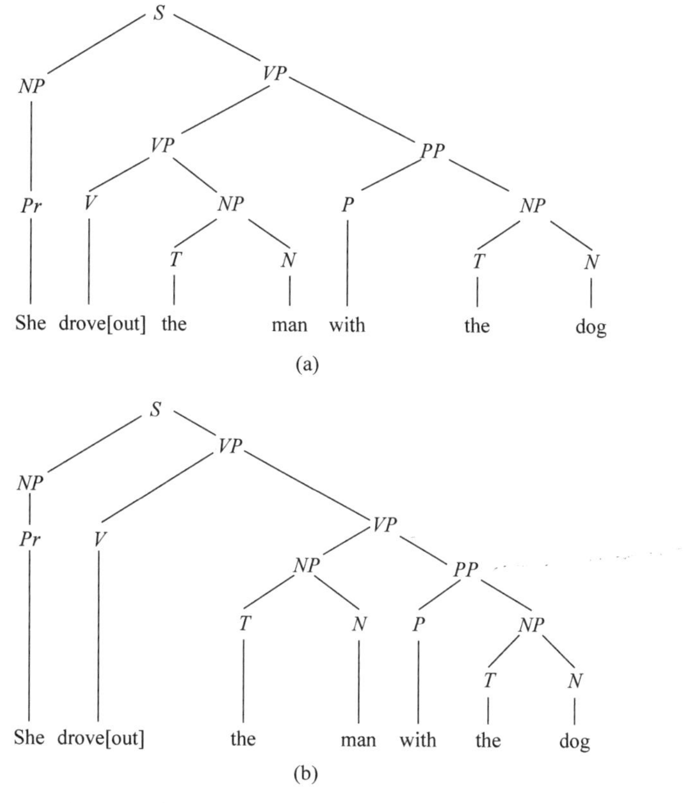

图 5.3 基于乔姆斯基语法体系的语义深度结构

某些意图有关,例如请求、命令或疑问(言外行为)。语效行为记录了言语行为对信息接收者的影响,例如是否愿意提供关于某个人的信息。

言语行为理论成为了计算机语言中知识和查询管理语言(Knowledge and Query Manipulation Language,KQML)的模型,它定义了互联网上搜索程序(代理)之间的通信。KQML 代理语言提供了相互识别、建立联结和交换消息的协议。在消息级别,定义了言语行为类型,这些类型可以用不同的计算机语言来表达。

在技术上,第一步是开发最有效的部分解决方案,即利用计算机程序识别、分析、传输、生成和合成自然语言通信。这些技术解决方案不必模仿人脑的语音处理,而是还可以通过其他方式实现可类比的解决方案。因此,为了达到计算机程序有限通信的目的,没有必要对所有语言层(包括意识层)进行技术模拟。

事实上,在技术高度发达的社会,也依赖于隐性和程序性的知识,而这些知识只能在有限程度上被捕获为规则。与人打交道时的情感、社会和情境知识只能在有限范围内用规则来表述。然而,为了为计算机等技术设备设计用户友好的用户界面,这些知识是必要的。人工智能也应该面向用户的需求和直觉,而不是用复杂的规则让用户承受过重的负担。

5.3 我的智能手机何时会理解我

人类的语言理解是由大脑相应的功能实现的。因此,使用模拟大脑的神经网络和学习算法是有意义的(见第 7.2 节)。计算神经科学家塞诺夫斯基(T. J. Sejnowski)提出了一种神经网络,它可以模拟在类似大脑的机器中学习阅读时的神经交互作用。人类大脑中的神经元是否真的以这种方式相互作用还不能从生理学上加以确定。然而,一个称为 NETalk 的人工神经网络能够从相对较少的神经元构建块中,产生类似于人类的学习过程,这仍然是一个惊人的成就(见图 5.4)。如今的计算机能使系统的速度大大提高,如果这个系统不像以前的人工神经网络那样在传统的(顺序工作的)计算机上模拟,而可以通过相应的硬件或活细胞的"湿件"来实现,NETalk 也会变得有趣。

【举例】 作为 NETalk 的输入,文本被逐字输入,如图 5.4 所示。由于周围其他字符对于一个字符的发音很重要,所以在所讨论字符之前和之后的三个符号也会被标记。每一步读取的七个字符中的每一个都由对应于字母表中字母、标点符号和空格的神经元来检查。输出表示文本的语音发音,每个输出神经元负责声音形成的一个组成部分,普通的常规合成器将这些声音成分转换成可听见的声音。阅读的学习过程是决定性的,它在输入的文本和输出的发音之间自组织起来。还要插入第三层神经元,其与输入和输出神经元的突触联结用数值权重模拟。

在训练阶段,系统首先学习样本文本的发音。系统中并没有明确的声音形成规则的程序。文本的发音是由神经元间的突触联结储存起来的。在未知文本的情况下,它最初随机发音的声音会与标准文本的期望声音进行比较。如果输出不正确,系统将反向工作到内部层次,并检查为什么网络会导致此种输出、哪些联结的权重最高(因此对输出的影响最大),然后改变权重以逐步优化结果。因此,NETalk 是在采取了鲁梅尔哈特(D. Rumelhart)等提出的反向传播学习算法之后才开始如此工作的(见第 7.2 节)。

这个系统通过"做中学"而不是以规则为基础,以与人类相似的方式学习阅读。在新的阅读尝试中,该系统像小学生一样改进了发音,最终错误率约为 5%。

但是,真的首先需要大脑神经语音处理的知识,才能使用人工智能软件进行语言处理吗?随着计算机性能不断提高,过去伽利略(Galilei)和托马斯·冯·阿奎那(Thomas von Aquinas)等人的个人作品已经被数字化存储和编目。谷歌公司为全球文学的系统数字化开辟了新的可能性,现在称之为"数字人文"。实际上,数字人文的方法不仅仅是文本的数字化,而是利用大数据的方法(见第 10.1 节),即不必详细了解内容,就可以从数据中获取某些信息。在生态医学的研究领域,旧手稿的元数据是通过算法创建的,目的是得出关于它们的起源地、生产条件和上下文关系的结论。元数据很重要,例如页面格式、铭文、寄存器或旁注。

ePeotics 项目研究文学术语在一个历史时期的传播,由此可以得出这一时期文学理论发展的结论。一个科学家只能阅读有限数量的文本,为了捕捉时代和风格并分类,成千上万

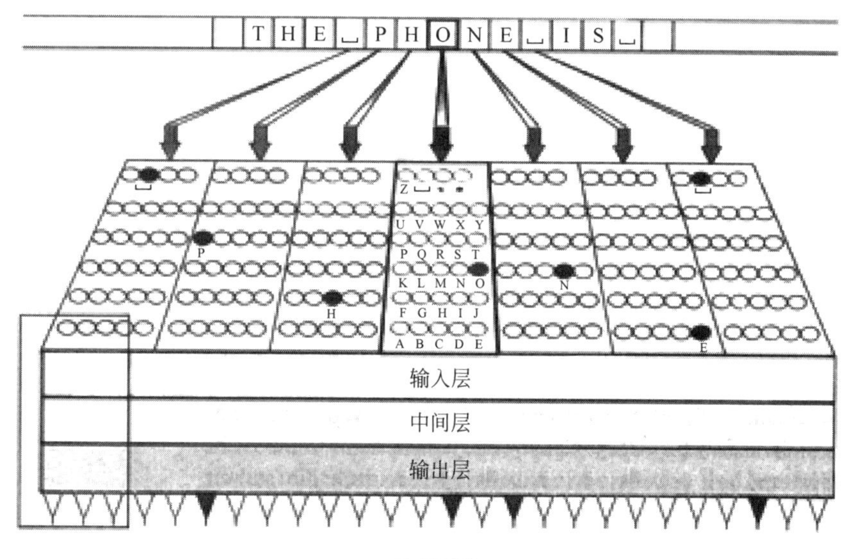

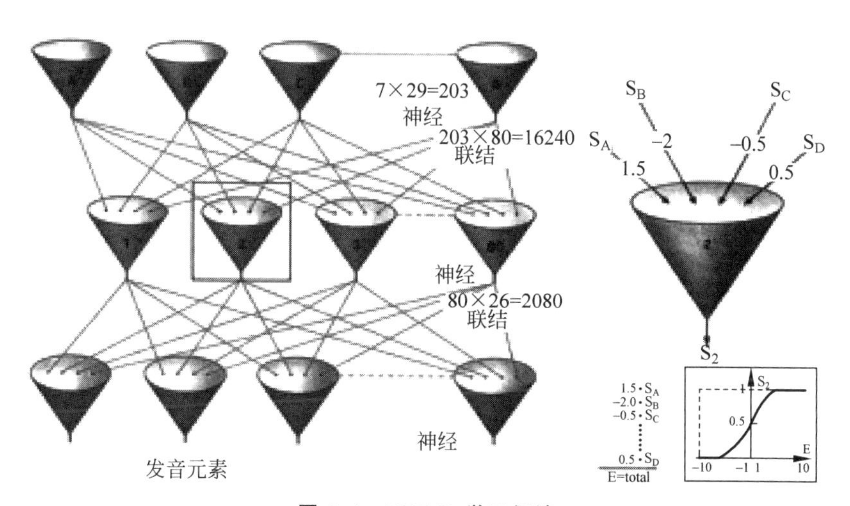

图 5.4 NETalk 学习阅读

的小说和短篇小说可能是必要的。适当的软件可以快速地传递相关性,并用图表生动地加以说明。然而,有一个批判性的保留:最终,超级计算机并不能取代文学学者的评价和解读。然而,正如语义网所显示的,合适的软件能够识别语义上下文。文学学者仍然认为计算机"只"在句法上改变符号,但他们还没有理解这种情况的严重性及其目标。

下一步是使用自动撰写文本的软件代理(机器人)。撰写简单的文本,就像在社交媒体上常见的那样,这一点也不奇怪。是不是已经用机器人而不是人类发推特了?并且,即使在新闻业的某些领域,机器人也会取代或至少支持文案撰稿人。叙事人科学(Narrative Science)公司提供了一种软件,可以自动在期刊上发表文章。公司可以使用软件撰写内容,例如自动证券交易报告。写作程序可以根据作者的风格进行调整。通过联结到数据库，可以快速发布文本。银行使用这些文本，能对新数据立即做出反应，以便比竞争对手更快地获利。同样，对于大数据来说，重要的不是数据的正确性，而是反应的速度。只要各方使用相同的数据，信息的质量和可靠性就不会影响取胜的机会。

自从 ELIZA 问世以来，基于模式识别的文本比较已经为人们所熟知。如今的软件现在将句子分解成单独的短语，并计算出问题的适当答案模式或以光速翻译成其他语言的可能性。VERBMOBIL 就是一个高效翻译程序的例子。

【举例】 VERBMOBIL 是由德国人工智能研究中心(DFKI)于 1993—2000 年协调的一个项目。具体来说，通过两个麦克风将口语传输到德语、英语或日语的语音识别模块，并进行韵律分析(语音度量和节奏分析)。在此基础上，通过对句子的语法深度分析和对话处理的规则，纳入语义信息并进行综合加工。VERBMOBIL 由此实现了从口语识别到对话语义的转变，对话语义不仅仅局限于短语块的交换，还包括长语块，因为它们是典型的自然语言。

人类的语音处理经历了不同层次的表征。在技术系统中，人们试图逐个实现这些步骤。在计算机语言学中，这个过程被描述为一个流水线模型：从声音信息(听觉)开始，下一步将生成文本形式，相应的字母串被记录为单词和句子。在词法分析中，分析人称形式，并将文本中的单词追溯到基本形式。在句法分析中，强调句子的语法形式，如主语、谓语、宾语、形容词等，如乔姆斯基语法(见第 5.2 节)。在语义分析中，句子被赋予意义，就像乔姆斯基语法的深度结构一样。最后，在对话和语篇分析中，考察诸如提问和回答、计划、目的和意图之间的关系。

正如将在后面看到的那样，高效的技术解决方案绝不需要贯穿这个流水线模型的所有阶段。如今强大的计算能力，再加上机器学习和搜索算法，开启了数据模式的开发，这些模式可用于所有级别的高效解决方案。用于深度结构语义分析的生成语法很少用于此目的，而且定向在人类的语义信息加工中也不起作用。人类中的语义过程通常与意识相联系，这绝不是必需的，如下例所述。

【举例】 IBM 的 WATSON 程序是一个语义问答系统，它利用并行计算机的计算能力和维基百科的存储能力。WATSON 理解语境和语言游戏的语义是与 ELIZA 不同的。WATSON 是一个语义搜索引擎(IBM)，它捕捉自然语言提出的问题，并短时间内在大型数据库中找到合适的事实和答案。它基于海量数据(大数据)的计算和存储能力，集成了许多并行语言算法、专家系统、搜索引擎和语言处理器，如图 5.5 所示。

WATSON 程序不是面向人脑的，而是依赖于计算能力和数据库能力。然而，系统通过了图灵测试。风格分析适应说话人或作家的习惯，因此写作风格的个性化不再是一个不可逾越的障碍。

WATSON 现在成了在 IBM 平台用于认知工具及其在商业和企业中的不同应用。根据摩尔定律(见第 9.4 节)，在可预见的将来，WATSON 的服务将不需要超级计算机，智能手机中的一款应用程序也能提供同样的性能。终于可以用我们的智能手机来实现这些功能

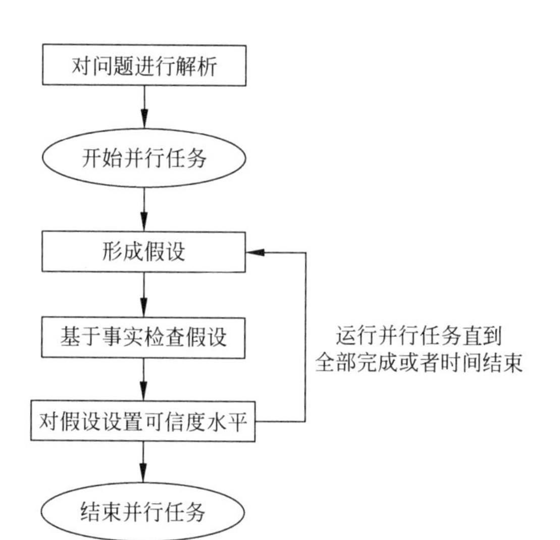

图 5.5　WATSON 的体系结构

了，这些服务不再需要通过键盘，而是通过智能语音程序来进行。即使是关于亲密感情的谈话也不能排除，正如魏泽鲍姆所担心的那样。

2013 年斯派克·琼兹(Spike Jonze)执导的美国科幻电影《她(Her)》讲述了一个内向腼腆的男人爱上了一门语言学课程。从专业角度讲，这个男人给那些很难与对方交流感情的人写信，为了减轻自己的痛苦，他购买了一个新的操作系统，配备了女性身份和悦耳的声音。通过耳机和摄像机，他与萨曼莎(Samantha)进行关于系统如何自我调用的交流，萨曼莎很快学会了社交互动，行为越来越人性化。在频繁、长时间和激烈的交谈中，最终发展起来一种亲密的情感关系。

智能写作程序的使用不仅在媒体和新闻业中是有广泛前景的，同时也可涉及商业新闻、体育报道或小报公告等常规文本。委托给机器人程序的常规文本也可用于管理或司法领域。还将体验自动写作程序在科学中的应用，在医学、技术和自然科学杂志上发表的文章已经如此众多，以至于即使是在特殊的研究领域，各自的专家也无法看到它们的细节。为了在竞争中生存，必须迅速发表研究成果。因此，可以想象，科学家和学者只需以通常的语言结构(例如预印本)输入数据、论据和结果，机器人便会根据作者的写作风格，通过数据库发布。

在金融领域，书写机器人日益成为日常工作的一部分。像叙事科学(Narrative Science)或者自动化透视(Automated Insight)这样的企业使用智能软件，将投资银行的季度数据翻译成新闻文本，而此前则是靠记者们辛苦地在季报中撰写这样的文字。自动机器会在几秒钟内生成多个由人类编写的报告。在金融领域，算法以光速为分析部门生成公司简介；自动编写程序可以告诉客户基金经理投资股票市场的策略以及基金的表现；保险公司使用智能写作程序来衡量销售业绩，并解释改进建议；自动生成的文本使客户能够确认其投资策略是否正确；由自动编写程序提供的支持也为个人客户建议创造了更多的时间。随着RoboAdvice的出现，人工智能在投资咨询和资产管理领域的发展也越来越迅速。如果该系统现在除英语外，还作用于德语、法语和西班牙语，那么适用范围将扩大。人力投资顾问并没有被取代，但数字化产品的速度非常快，并且与信息技术工具的指数级增长相协调。

参考文献

第6章 算法模拟进化

CHAPTER 6

6.1 生物学和技术性的电路图

计算机和人类的信息处理是用人工语言或自然语言再现的，它们只是符号表示系统的特例，也可以用于遗传信息系统。遗传语言及其语法规则代表了产生具有遗传意义的分子序列的分子方法，理解这些分子语言的关键不是人类，而是使用它们的分子系统。人类采用我们这种信息处理方式，用语言的规则来破译和理解这些语言，这样的工作才刚刚开始。形式语言和语法理论以及算法复杂性理论提供了最开始的方法。

对于遗传信息，使用带有四个核苷酸字母表的核酸语言和带有二十个氨基酸字母表的氨基酸语言。在核酸语言中，可以区分不同语言层的层次结构，从基本符号 A、C、G、T 或 U 的核苷酸的最底层开始，到存储细胞完整遗传信息的基因的最高层，每个中间语言层由前一语言层的单元组成，并给出各种功能的指令，例如序列的转录或复制。

乔姆斯基的形式语言理论也可以用来定义遗传语言的语法。

林登梅尔(A. Lindenmayer)区分了以下有限个字母：DNA 的四个字母 A、C、G、T；RNA 的四个字母 A、C、G、U；蛋白质的字母 A、C、D、…、Y、W。由这些字母组成的序列称为单词，所有序列的集合构成了一种语言。语法的规则就是把序列转换成其他序列。

【举例】 在一个正则语法的最简单的例子中，例如具有 A→C，C→G，G→T，T→A 这样的规则，可以生成如 GTACGTA…这样的序列：从序列的左字母开始，根据前面的字母在右侧加上字母。

正则语法决定由有限自动机生成的正则语言作为相应的信息系统(见第 5.2 节)。有限确定性自动机可以想象为具有有限输入、输出以接收、处理和传递信息的有限内存的机器。

正则语言的有限自动机不足以创建所有可能的组合，例如镜像对称序列 AGGA 所表现的那样。对于非规则语言，乔姆斯基区分了更强大的信息系统的层次结构。为了达到这个目的，放宽松了语言的语法规则，自动机由记忆单元补充。一个例子是具有上下文无关语言的下推自动机，它依赖于一个符号的左、右邻域。如果删除此规定，则获得上下文相关语言，其中相距很远的符号彼此相关。这种上下文相关语言是由线性有限自动机识别的,在这种自动机中,有限多个存储单元中的每一个都可以被任意访问。

在正则、上下文无关和上下文相关的语言中,可以递归地决定有限长度的字符序列是否属于该语言。需要做的就是创建所有达到这个长度的字符串,并将它们与现有的字符序列进行比较。遗传语言就是这种语言。

如果不满足这一要求,机器将是一个十分复杂的图灵机(见图3.2)。图灵机是一种有限自动机,可以说它能够在无限的内存中自由访问。从这个观点出发,线性有限自动机是一个带有有限存储带的图灵机。下推自动机的一侧有一个无限长的磁带,读头始终在最后一个标记的磁带上方。有限自动机是没有磁带的图灵机。然而,有一些复杂的非递归语言,即使是图灵机,其字符序列也无法在有限时间内识别出来。然而,人类可以在智力上掌握它们,因此在人工智能研究框架内评估人类信息处理时必须考虑这些因素。

语言识别的层次结构对应于问题求解的不同复杂程度,使其可以通过适当的自动机和机器来被掌握。根据对人工智能的定义(见第1章),这些自动机和机器具有不同程度的智能,它们的智能程度甚至可以分配给生物有机体,也就是这些自动机和机器的例子。

因此,遗传语言及其语法允许确定相应遗传信息系统的复杂性。为此,使用尽可能短的生成语法来生成相应的DNA序列。遗传语法的复杂性是由所有规则的长度之和来定义的,遗传信息中的遗传冗余是值得注意的。

【定义】 在信息论中,冗余是指多余的信息。在电信技术中,例如,通过重复使用冗余来防止传输错误;在口语中,人们通过相似的释义重复来增加理解力。

如果没有冗余,序列的平均信息量(信息熵)最大。冗余度量序列的信息含量与最大信息熵之间的含有偏差。

测量表明,与人类口语相比,基因语言的冗余度较低。这一方面说明了遗传信息系统的可靠性;另一方面,冗余也表达了通过不同的重复来实现理解的灵活性和敏感性。因此,它区别于人类的信息处理,在评估人工智能时必须加以考虑。

在遗传信息系统的进化过程中,观察到一种趋势,即为了保护生物体的结构和功能,遗传信息储存量变得越来越大。然而,这不仅仅使破译DNA序列的时间越来越长,在像人类这样高度发达的有机体中,蛋白质作为各种遗传倾向的携带者是至关重要的。这些系统的进化基于在蛋白质语法中引入新的规则,从而形成有机体的新功能。甚至有可能表明,蛋白质结构的规则长度和语法的复杂性对于高度发达的有机体来说会增加,语法规则也允许按需要频繁地复制序列,因此它们有助于遗传信息系统的标准化。没有遗传信息系统,复杂生物就不可能生长。

在生命的进化过程中,处理信息的能力绝不仅限于遗传信息系统。神经系统和大脑的信息处理在高度发达的有机体中具有极其重要的意义,并且最终在生物体的种群和社会中对通信和信息系统有着至关重要的作用。基因信息系统形成于大约30亿到40亿年前,并导致产生了各种各样的细胞有机体。这形成了信息储存,可以从进化过程中产生的遗传信息的储存容量来估计。

【定义】 一般来说，存储器的信息容量是由存储器的不同可能状态数的对数来衡量的。对于长度为 n 的核苷酸序列，由四个构建块组成，有 $4n$ 种不同的排列方式。在双系统中转换成比特单位，信息容量为 $I_k=\ln 4^n/\ln 2=2n$。

对于来自 20 个不同构建块的多肽，其相应的存储容量为 $I_k=\ln 20^n/\ln 2=4.3219n$ 比特。

对于约 10^9 个核苷酸的染色体，其储存容量为双倍长度，约为 2×10^9 比特。

信息和存储容量的定义与存储器的物质形式无关，因此可以对不同的信息系统进行比较。为了比较，人类存储系统(例如书籍和图书馆)的信息容量可用于如下例子中。

【举例】 对于拉丁字母表的 32 个字母中的一个，需要 $\ln 32/\ln 2=5$ 比特。因此，用一个 DNA 序列，可以存储 $2\times 10^9/5=4\times 10^8$ 个字母。若单词平均长度为 6 个字母，则约为 6×10^7 个单词。一页包含约 300 单词的打印页可产生 2×10^5 页的打印页。一本书有 500 页，一个由 10^9 个核苷酸组成的 DNA 序列相当于 400 本书的存储容量。

据估计，大约在一千万年前，细菌、藻类、爬行动物和哺乳动物出现之后，地球上的生物进化达到了高潮，为人类物种基因信息的 10^{10} 比特之多。

随着神经系统和大脑的发展，进化中出现了新的信息系统。然而，它们并不是同时存在的，而是通过一些细胞在信号传递过程中的特殊化发展起来的。因此，早期神经系统所能储存的信息量比遗传信息系统要小得多。只有随着具有爬行动物复杂性的有机体的出现，神经元信息系统才开始超过遗传信息系统的信息容量，如图 6.1 所示。

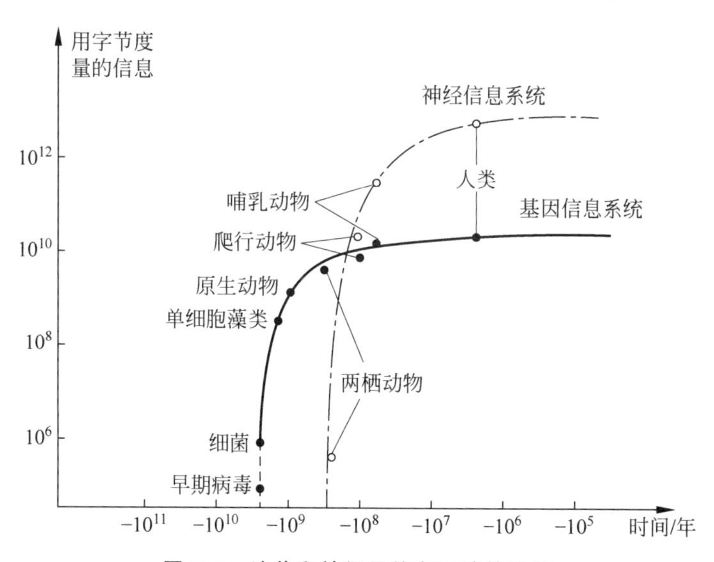

图 6.1 遗传和神经元信息系统的进化

因此，改进的灵活性和学习能力是在与有机体环境的对抗中结合起来的。在一个遗传系统中，一个复杂而不断变化的环境的所有可能情况，并不是都可以在遗传信息的程序行中得到考虑。在复杂的细胞有机体中，遗传信息系统遇到了极限，必须由神经元信息系统加以补充。

6.2 细胞自动机

DNA 结构和遗传密码的发现是理解自我繁殖的分子机制的第一步。计算机先驱约翰·冯·诺依曼(John von Neumann)和康拉德·祖泽(Konrad Zuse)相互独立地表明，对于自我复制而言，其基础不是材料构建块的性质，而是一种包含对自身完整描述的组织结构，并使用这些信息来创建新的副本(克隆)。

当人们把细胞自动机系统想象成一个无限的棋盘，上面的每一个方格代表一个细胞时，就产生了有机体细胞结构的类比。拼花地板的各个单元可用作有限自动机，其有限多个状态用不同的颜色或数字来区分。在最简单的情况下，只有两种状态“黑”(1)或“白”(0)。一个环境函数指示单个细胞联结到哪些其他细胞，例如它可以定义十字或正方形的形状。

一个单元的状态取决于相应环境中的状态，并由(本地)规则确定。由于所有的规则都是在一个步骤中执行的，所以细胞自动机的网络是同步和顺时针工作的。由规则应用程序对蜂窝状态的配置产生的配置称为原始配置的后续配置。通过重复规则应用程序进行配置所产生的配置称为原始配置的生成。如果配置与后续配置匹配，则该配置是稳定的。当它的所有细胞都处于“白”(0)状态时，它在下一代“死亡”。

二维细胞自动机的一个例子是两种状态“活”(黑)和“死”(白)。康威(J. Conway)的“生命游戏”的局部规则版本为：①当相邻的两个或三个细胞活着时，活细胞会存活到下一代。②如果有三个以上(“人口过剩”)或少于两个活细胞在附近(“孤立”)，一个细胞死亡。③一个死亡的细胞只有在相邻的三个细胞中有三个存活时才可能存活。康威的“生命游戏”是一种细胞自动机，它在后代中产生复杂的模式，让人想起细胞有机体的形状。它甚至是一个通用的细胞自动机，因为它可以模拟细胞自动机的任何模式形成。

从技术的角度来看，细胞自动机可以被计算机模拟。细胞自动机的相应计算机程序原则上使用相同的方法，就像用纸和铅笔进行细胞模式开发一样。首先，为单元定义一个工作区，每个单元对应计算机中的一个存储单元。在每个开发步骤中，程序必须逐个搜索每个单元，确定相邻单元的状态并计算单元的下一个状态。在这种情况下，可以在顺序数字计算机上模拟细胞自动机。更好、更有效的方法是在细胞互连中建立一个由多个处理器组成的网络，在这种网络中，处理如同在细胞有机体中一样并行进行。相反地，每台计算机都可以作为一台具有通用细胞自动机的通用图灵机。

【举例】 细胞的状态在图 6.2 中用数字标记。空细胞的状态为 8，即形成虚拟生物体的虚拟环境。处于状态 2 的细胞像皮肤一样包裹着虚拟有机体，并将其与环境分开。

内部循环携带自我复制的代码。在任何时候，代码号都会逐步逆时针移动。根据到达尾端的代码编号，它会延长一个单位或向左转弯。

四次运行后，第二次循环完成。两个回路分开了，细胞自动机已经自我复制。最后，一个这样的生物群落覆盖了屏幕。当它们在外边缘繁殖时，位于中间位置的细胞被自己的后代阻碍了自我生产，类似珊瑚礁，它们形成了一个死亡的细胞骨架，虚拟生命就在这个骨架

```
  2 2 2 2 2 2 2 2
2 1 7 0 1 4 0 1 4 2
2 0 2 2 2 2 2 2 0 2
2 7 2         2 1 2
2 1 2         2 1 2
2 0 2         2 1 2
2 7 2         2 1 2
2 1 2 2 2 2 2 2 1 2 2 2 2 2
2 0 7 1 0 7 1 0 7 1 1 1 1 1 2
  2 2 2 2 2 2 2 2 2 2 2 2 2 2
```

时间=0

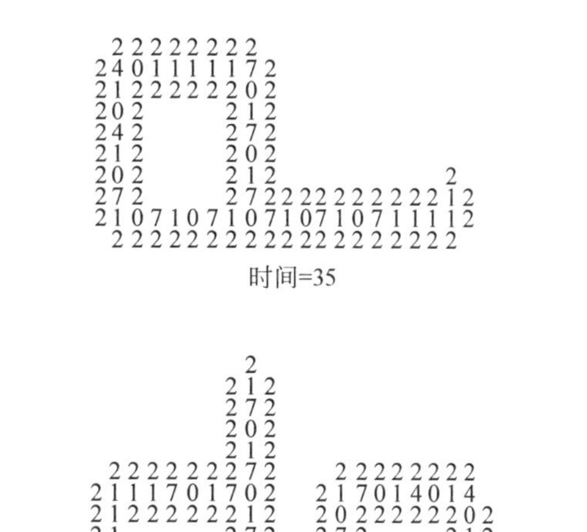

时间=35

```
  2 2 2 2 2 2 2 2       2 2 2 2 2 2 2 2
2 0 1 7 0 1 7 0 1 2   2 1 1 1 1 7 0 1 7 2
2 7 2 2 2 2 2 2 7 2   2 1 2 2 2 2 2 2 0 2
2 1 2         2 0 2     2             2 1 2
2 0 2         2 1 2                   2 7 2
2 7 2         2 4 2                   2 0 2
2 1 2         2 0 2                   2 1 2
2 0 2         2 1 2 2 2 2 2 2 2 2 2 2 2 7 2
2 7 1 1 1 1 1 0 4 1 0 4 1 0 7 1 0 7 1 0 2
  2 2 2 2 2 2 2 2 2 2 2 2 2 2 2 2 2 2 2 2
```

时间=105

```
                2
              2 1 2
              2 7 2
              2 0 2
              2 1 2
  2 2 2 2 2 2 2 7 2     2 2 2 2 2 2 2 2
2 1 1 1 7 0 1 7 0 2   2 1 7 0 1 4 0 1 4
2 1 2 2 2 2 2 2 1 2   2 0 2 2 2 2 2 2 0 2
2 1           2 7 2   2 7 2         2 1 2
2 0           2 0 2   2 1 2         2 1 2
2 4           2 1 2   2 0 2         2 1 2
2 1           2 7 2   2 7 2         2 1 2
2 0 2 2 2 2 2 2 0 2   2 1 2 2 2 2 2 2 1 2 2 2 2 2
2 4 1 0 7 1 0 7 1 2   2 0 7 1 0 7 1 0 7 1 1 1 1 1 2
  2 2 2 2 2 2 2 2       2 2 2 2 2 2 2 2 2 2 2 2 2 2
```

时间=151

图 6.2 细胞自动机模拟细胞自组织

上进化。

二维细胞自动机是由单个细胞组成的网络，其特征是细胞排列的几何结构、每个细胞的邻域、其可能的状态以及依赖于它们的未来状态的转换规则。由二维拼花地板上的一排单元组成的一维细胞自动机足以分析进化模型。在一个简单的例子中，每个单元格有 0 和 1 两个状态，这两个状态可以用白色或黑色正方形表示。每个单元的状态根据变换规则以一系列离散的时间步长变化，在该规则中，各个单元及其相邻的两个单元的先前状态被考虑在内。

【定义】 一般来说，环境函数锁定了 $2r+1$ 个单元，例如对于 $r=1$，在最简单的情况下，三个单元具有一个前一个单元和两个相邻单元。根据状态和邻域单元的数目，存在简单的局部规则，用这些规则逐行确定离散的时序发展。对于 $r=1$ 和 $k=2$，它导致在 $2\times1+1=3$ 单元上状态 0 和 1 的 $2^3=8$ 个可能的分布，例如下列规则。

111	110	101	100	011	010	001	000
0	1	0	1	1	0	1	0

采用这些规则的一个自动化系统的二进制代码为 01011010 或十进制编码 $0\times2^7+1\times2^6+0\times2^5+1\times2^4+1\times2^3+0\times2^2+1\times2^1+0\times2^0=90$。对于具有两种状态的 8 位二进制码，有 $2^8=256$ 个可能的细胞自动机。

通过简单的局部规则，256 个一维细胞自动机（具有两个状态和两个相邻细胞）已经可以生成不同的复杂模式，这些模式让人想起自然界的结构和过程。它们的初始状态（即初始行的模式）可以是有序的，也可以是无序的。由此，这些自动机在连续的线条中形成典型的最终图案。

具有高存储容量的现代高速计算机允许计算机实验研究细胞自动机的不同模式。有些自动机产生彩色的对称，让人联想到动物皮或贝类的图案。另一些则重现振荡波模式，经过几步之后，一些自动机就发展成一种恒定的平衡状态，就像分子系统在晶体中凝固一样。还有一些自动机对它们初始状态的最小变化都很敏感，因为它们的初始状态是随着模式形成的全局变化而变化的，这让人想起了来自天气和气候模型的海流和模式。

实际上，物理学中类似细胞自动机的动态系统可以用数学方程来描述。然后，通过求解这些方程，由它们模式形成所模拟的人工生命可以被精确地解释和预测。

在二维细胞自动机中，细胞 i 的状态 $x_i(1\leqslant i\leqslant I)$ 依赖于它自己的输入 u_i 和左、右相邻细胞的二进制输入 u_{i-1} 和 u_{i+1}，如图 6.3 所示。因此，细胞自动机的动力学状态可以被确定，即时序状态方程 $\dot{x}_i$ 由具有初始状态 $x_i(0)=0$ 和输出方程 $y_i=y(x_i)$ 的状态方程 $\dot{x}_i=f(x_i;\ u_{i-1},u_i,u_{i+1})$ 确定。

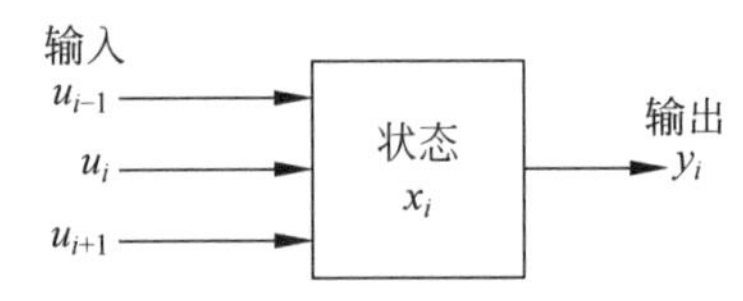

图 6.3 作为动态系统的单元，具有状态变量 x_i、输出变量 y_i 和 3 个二进制常数输入（u_{i-1}、u_i、u_{i+1}）

6.3 遗传算法和进化算法

达尔文式的进化可以理解为对几代累计后适应新环境的成功物种所做出的搜索。遗传算法通过繁殖、变异和选择来优化后代的染色体群体。在因特网上进行信息检索时，不需要将染色体群体作为信息载体，而是需要大量的文献。一般来说，遗传算法应用于编码信息链的二进制序列集合。突变是指一个字节的随机变化，例如从 01 0 1011 到 01 1 1011。与遗传算法类似，基因序列可以被酶切割和重组，遗传算法使用重组方法，例如交叉，其中两个二进制序列的切割部分反向重组，如下例。

$$\begin{matrix}0011/0011101\\1001/1011001\end{matrix}\Rightarrow\begin{matrix}0011/1011001\\1001/0011101\end{matrix}$$

（父代）　　　　（子代）

选择是指选择染色体，在对一代人的群体进行评估后，这种选择将提供最大程度的适应度。最后，健康度最高的物种应该“生存”（适者生存）。简单地说，这样的算法通过编号 i 可以计算群体 P 的后续世代，如下所示。

```
i = 0
InitializePopulation P(i);
Evaluate P(i);
while not done{
i = i + 1;
```

```
P‘ = SelectParents P(i);
Recombine P‘(i);
Mutate P‘(i);
Evaluate P‘(i) P = Survive P, P‘(i);
}
```

“适者生存”可以包括分类任务，如下例。

【举例】 一个自动机必须确定随机选择的初始条件的50%以上的单元格是否处于状态1(“黑”)：

如果是这种情况，自动机将争取所有单元都处于状态1的平衡状态；

在另一种情况下，它努力使所有细胞处于状态0的平衡状态。

一个自动机种群的进化意味着遗传算法通过变异、重组和选择来优化机器世代。在本例中，对于$r=3$和$k=2$的机器类型，在$2\times3+1=7$个单元上总共有状态0和1的27个可能分布，即每个自动机有128个规则，共有2^{128}个自动机。

这一大类自动机需要一种遗传优化算法来解决上述分类任务。它们进化的图解刚开始表明健康水平有了很大提高，到了第18代，这一水平最终变为饱和。

遗传算法不仅用来模拟计算机中的进化过程，也可以向大自然学习并用它来解决问题。遗传算法被用来寻找解决某些问题的最佳计算机程序，因此程序不是由程序员编写的，而是在进化过程中生成的。然而从本质上讲，并不能保证这个过程成功。在这种情况下，虚拟有机体是由计算机程序表示的。一个遗传算法的操作优化了包含一个成功种类的计算机程序的产生。

在自然界中，种群不是在恒定的环境条件下发展的。事实上，许多进化同时发生，不断变化的种群作为一个环境相互作用。在生物学上，这种情况称为协同进化。它们是并行解决问题和处理信息的一个例子。在这种情况下，适应度水平不仅可以分配给种群的后代，还可以分配给协同进化中的另一种群的相应世代。实际上，一些项目的开发也可以通过这种方式进行测试。

遗传算法的随机性并不总能得到程序员的认可。遗传算法的工作方式与进化中的自然选择相似：许多方法同时尝试，但大多数都不起作用，其中很少能起作用，但最终也不一定会走向成功。有时微小的DNA缺陷会导致可怕的疾病。另一方面，我们的DNA是有缺陷的，这些错误可能会合成与正确密码几乎相同的蛋白质氨基酸，而不会伤害我们。因此，向大自然学习也意味着学会处理错误。在任何情况下，虚拟生活软件中的错误比大自然的湿件更容易容忍：向大自然学习意味着学习编程。

作为细胞自动机种类的替代，还可以想象种群在计算机网络的虚拟进化中发展。一代又一代的移动主体根据人类用户的规范查找信息，提高了他们的适应度：对于用户来说，他们训练(如有例子的有趣示例文章)并在网上寻找类似的文章，选择那些频繁从网络返回的移动主体，这些主体伴随不相关的信息。成功的药物通过突变和特性的结合来繁殖。本例讨论的是人工生命(Artificial Life，AL)主体，AL主体的群体可以通过遗传算法来优化在线信息搜索，服务于用户搜索查询信息。

在语义网络中，文档会自动地用意义、定义和结论规则来补充信息。如果一个文档与用户相关，那么这也适用于本文档中与其补充内容的链接，这有助于增进理解。特别是文档中关键字附近的链接比其他链接更有意义。AL 主体可以为缩小搜索空间做出重要贡献。

【举例】 首先，初始化主体，从用户接收文档和用户配置文件开始。在简化模型中，它们通过确定文档关键字和查询关键字之间的距离（链接数）来评估文档的相关性。

AL 主体的基因型由“可信度”和“能量”两个变量决定。

信任是主体对文档和相关链接的描述的依赖程度。

AL 主体的生命能量 Ea 随着搜索查询附近文档 Da 是否搜索成功而增减。

如果这个能量大于一个临界值 ε，父母会把基因型因突变而改变的后代带到这个世界上。

如果功率小于临界值，则主体死亡。

每次主体生成（更新用户配置文件）时，用户配置文件总是要反复调整。

简言之：选择成功的搜索主体，对其基因型进行突变，并允许其繁殖，流程如下。

```
Initialize agents;
Obtain queries from user;
while (there is an alive agent){
Get document Da pointed by current agent;
Pick an agent a randomly;
Select a link and fetch select document Da';
Compute the relevancy of document Da';
Update energy (Ea) according to the document
relevancy;
if (Ea > ε)
Set parent and offspring's genotype appropriately;
Mutate offspring's genotype;
else if (Ea < 0)
Kill agent a;
Update user profile;
```

参考文献

第7章 神经网络模拟大脑

CHAPTER 7

7.1 大脑和认知

大脑是基于神经元信息处理的复杂信息系统的例子，它们区别于其他信息系统之处在于其认知（拉丁语 Cognoschere，意为识别、感知或了解）、情感和意识能力。术语认知用于描述感知、学习、思考、记忆和语言等能力。哪些突触信号处理过程构成这些过程的基础？涉及哪些神经子系统？

在进化过程中，只有少数几个这样的认知信息系统是在一定的约束条件下训练出来的。如果知道这些复杂系统的规律，基于其他可能物质的生物种类就变得可以想象了。人工智能研究感兴趣的是认知信息系统理论，以模拟生物进化的样本或建立用于技术目的的新系统。在地球上生物进化的过程中，人类大脑发展的认知能力差异最大。必须区分神经元子系统和实现认知功能的区域。在脊椎动物的大脑中，有5个部分在系统发育过程中大致同时发育，即髓脑、后脑、中脑、间脑和大脑。大脑和脊髓一起构成中枢神经系统。脑干包括延伸的脊髓（髓鞘）、脑桥、小脑和中脑。

【背景资料】 与人类相类似的灵长类动物有以下几个部分和功能：脑桥将运动信号从大脑皮层传递到小脑。小脑调节运动，参与学习运动技能。中脑控制感觉和运动功能。间脑由丘脑组成，作为中枢神经系统其他部分向大脑皮层传递信号的控制中心，下丘脑作为植物性的、内分泌（即腺分泌物）和内脏（即肠道）功能的调节器。

脑干、边缘系统和新皮质不是分开的，而是紧密相连的。边缘系统是一个加工和整合器官，它将前脑与大脑深部结构联结起来，这些结构负责控制血压和呼吸等重要功能。将在后面看到，认知过程（如思考和说话）离不开情绪的激发。特别地，激励行动、行为和目标评估是至关重要的，没有边缘系统反馈就无法完成。因此，大脑并不是一台可以将大脑皮层作为一个运算单元而分离开来的计算机。

大脑皮层由覆盖大脑半球的2～3mm厚的神经层组成。大脑的两个半部分分为前额或额叶、顶叶、枕叶和太阳穴或颞叶四大区域。额叶主要参与未来行动的规划和动作协调。

顶叶支持触觉和身体感知。枕叶支持视觉。颞叶支持听觉，部分支持学习、记忆和情感。这些区域的名称来源于覆盖它们的头骨区域。

除了大脑皮层，大脑半球还包括下基底神经节、海马体和杏仁核。基底神经节参与运动控制。海马体是大脑皮层两个颞叶的一个古老的发育结构，拉丁名来源于一个类似海马的形状，它在学习过程和记忆形成中起着重要作用。杏仁核的形成协调了与情绪状态相关的营养和内分泌反应。

感知外部世界是认知信息系统的核心能力。人类感觉器官记录外部世界的物理和化学系统，然后由复杂的神经元系统处理成感知。光、能、机械能、热能或化学能等不同形式的能量被转化为视觉、听觉、感觉、味觉和嗅觉的五种感官品质或形态。

【背景资料】 不同知觉系统的神经元组织非常相似，如下所述。

首先，初级感觉神经元被刺激物激活。至于受体神经元，其特征是局部感受。在触觉上，每个初级感觉神经元都对应于皮肤上一个划定的感受区域，例如，其中各个神经元可以通过接受外界的压力而被激活。

初级感觉神经元由中枢神经系统中的二级神经元(投射神经元)集结成束，二级神经元与上位神经元进一步相互联系。中继核在这里起着决定性的作用。

如前所述，许多中继核集中在丘脑，以便通过特定的神经束将感觉信号传送到大脑皮层。单个初级感觉神经元的感受区域与投射神经元的感受区域重叠，因此高阶神经元的感受区域最终也出现在皮层的感受区。

感觉系统的路径是从受体到高阶神经元的层次结构，并有相应的感受区域。感觉系统的部分形式，如视觉系统中的形状、颜色和运动，或身体感觉系统中的触觉、疼痛和温度等，都有独立和平行的路径，这些路径在层次结构上集结成束。

最后，它们聚集在各自的感觉皮层区域，以产生一致的感觉，如红色的甜苹果或灼热的疼痛。因此，这些感知系统与独立和并行的信号处理一起工作。邻近受体(如皮肤或视网膜)的刺激被转化为高阶神经元感受区域的邻近信号。

因此，感受区域是神经元(地形)图，其中输入信号的空间顺序保持在感觉系统的每个层次。只有对味觉、嗅觉等化学感觉，这种秩序原则才不适用。

就像感知、运动和情绪一样，记忆、学习和语言等认知过程都是由大脑中复杂的神经回路控制的。学习是信息系统获取有关自身和环境中信息的过程。内存是存储和检索这些信息的能力。根据储存时间的长短，将人类的记忆区分为几秒到几分钟组成的短期记忆和几天到几十年组成的长期记忆。

在学习中，讨论的是一种明确的形式，即有意识地获得数据和知识并使其永久可用。内隐形式是关于运动和感觉能力获得的，这些能力在没有意识的情况下随时可用。例如，驾驶者在驾驶汽车时，会在理论课中获得明确的事实知识，而驾驶练习则是从驾驶教练的明确指示开始的，但最终基本上是基于无意识的运动和感觉学习程序。类似地，计算机科学区分了陈述性(显性)和非陈述性(隐性)知识。

【定义】 认知研究区分了两种陈述性和两种非陈述性记忆系统，如下所述。

情景记忆负责自传体和个人事件。它和知识系统一样具有陈述性，显式地存储教科书中的事实和知识。

相反地，程序性记忆包含了运动能力，它的执行不需要有意识的知识表达。

启动通常也被认为是记忆系统的一种内隐形式，因为它会自发和无意识地将相似的经历情景和感知模式相互关联起来（在广告中，这种记忆形式被用来激发低于意识阈值的顾客的行动和决定）。

认知记忆系统需要存储和检索信息的过程。在类似于人脑的有机系统中，各个相应的神经元子系统是有区别的。因此，大脑皮层的关联区域被用来存储情景记忆和知识系统。小脑参与程序性记忆的储存，而启动这项任务的区域是由大脑皮层的初级感觉场周围的区域完成的。

值得注意的是，边缘系统的情绪处理区域也可以参与信息的存储。对于动物和人类的记忆系统，为了辅助记忆和学习，必须考虑到情绪。到目前为止，人工记忆和人工智能研究中的记忆系统还很少考虑这一点，但情绪可以在开发对人类用户反应灵敏的新型存储系统方面发挥作用。

【定义】 在内隐学习中，认知研究区分了联想和非联想形式。联想学习的一个著名例子是经典条件反射（例如巴甫洛夫的狗），其中的条件刺激（例如声音信号）和随后的无条件刺激（例如食物供应）之间的时序关系（关联）被学习了。

在操作性的条件反射（例如尝试和错误学习）过程中，一种行为（如偶然发现并按下按钮）会被一种刺激物（如食物）所强化。

在非联想学习中，重复的刺激信号无意识地产生对反应减弱（习惯化）的适应性，或对伴随着反应过度（过敏化）的刺激增加的适应性。

联想内隐学习（例如经典条件反射）可以用神经元信息处理来解释。其基础是感觉神经元之间的突触放大，这些神经元通过有条件和无条件的刺激逐个被激活，它们通过中间或投射神经元相互联结。当由条件刺激的感觉神经元开始激发后不久，中间神经元被无条件刺激激活，就实现了突触增强。

事实上，耦合感觉神经元的条件反射训练显示出比未耦合神经元更大的兴奋性（突触后的）电位。学习和记忆的显性形式与海马体的长时程增强有关。这一发现从分子生物学上证实了赫伯（D. Hebb）在 1949 年作为一个假设提出的有关学习的心理学规则（赫伯规则）：如果 A 细胞的轴突刺激 B 细胞，并且反复和永久地促进 B 细胞动作电位的激发，则 A 细胞产生 B 细胞的动作电位的效率就会提高。

7.2 神经网络和学习算法

1943 年，麦卡洛克（Warren McCulloch）和皮茨（Walter Pitts）提出了以下第一个技术层面的神经网络模型。

【定义】 在一个简化的麦卡洛克-皮茨(McCulloch-Pitts)神经元中,树突被输入线 x_1, x_2,…,x_m($m \geqslant 1$)所替代,而轴突被输出线 y 替代,如图 7.1 所示。

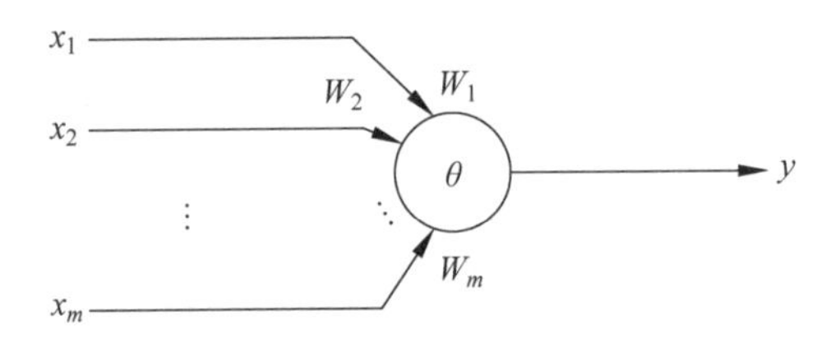

图 7.1 麦卡洛克-皮茨神经元

如果输入线 x_i 在第 N 个时间间隔中输出一个脉冲,则 $x_i(n)=1$,否则 $x_i(n)=0$。

如果第 i 个突触被激发(兴奋),它联结到一个大于 0 的权重 w_i,这个权重对应于电突触的电场强度或化学突触的发射器输出。

对于抑制性突触,$w_i<0$ 适用。

如果到下一个脉冲的时间间隔被定义为一个时间单位,则可以假设神经元工作的数字时间尺度 $n=1,2,3\cdots$。

$n+1$ 时刻输出信号的触发是由 n 时刻输入信号的触发决定的:如果 $n+1$ 时刻输入的加权和超过了神经元的阈值,神经元就会根据麦卡洛克-皮茨规则在 $n+1$ 时刻沿轴突发出一个脉冲。

根据麦卡洛克-皮茨理论,神经网络被理解为一个由这些神经元组成的复杂系统,这些神经元的输入和输出线相互联结,并且以相同的时间尺度工作。

麦卡洛克-皮茨网的一个主要缺陷是权重永远固定不变的假设。因此,大脑的决定性表现能力被排除在系统发育的进化之外。神经元间突触的改变使学习成为可能,因此它需要可变的突触权重。神经元之间联系的强度取决于各自的突触。从生理学的角度来看,学习是一个局部过程。突触的变化不是由外部引起和控制的,而是通过改变神经递质,在单个突触上局部发生的。

根据这一概念,美国心理学家罗森布拉特(F. Rosenblatt)在 20 世纪 50 年代末建造了第一台神经网络机器,该机器本应通过类似神经元的单元来完成模式识别,如下例。

【举例】 这台机器被罗森布拉特命名为"感知器",包括一个由 400 个光电池组成的网格,这些光电池模拟视网膜,并与类似神经元的单元相联结。

当诸如一个字母的模式被呈现给传感器时,这种感知激活了一组神经元,反过来又导致一组神经元对所呈现的字母进行分类,确定它是否属于特定的字母类别。

与神经组织类似,罗森布拉特为不同的层次提供以下部分。

输入层充当一个人工视网膜。它由刺激细胞(S 细胞)组成,技术上可以理解为光电池。

S 细胞通过具有固定权重(突触)的随机链接联结到中间层,因此不可改变或自适应。根据它的任务,罗森布拉特称之为联合细胞(A 细胞)。因此,每个 A 细胞从一些 S 细胞接收一个可靠的加权输入。视网膜的 S 细胞也能将信号投射到中间层的几个细胞上。中间层完全联结到输出层的响应细胞(*R* 细胞),如图 7.2 所示。

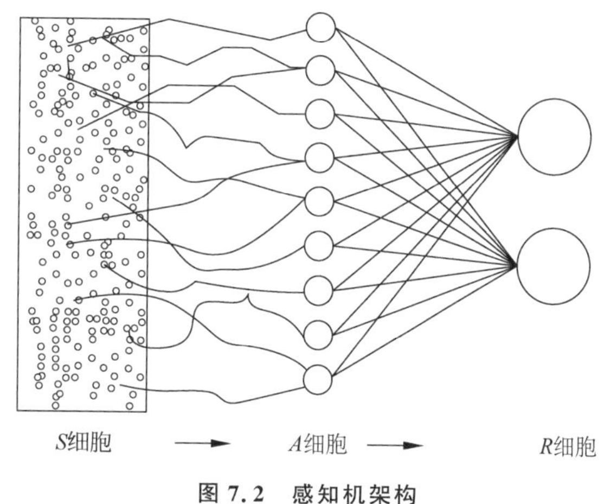

图 7.2　感知机架构

只有中间层和输出层之间的突触权重是可变的,因此能够学习。

神经元作为具有两种状态的开关元件工作。感知器网络通过被监督的学习过程学习,如下所述。

对于要学习的每个模式(例如字母),必须知道输出层每个细胞的期望状态。将要学习的模式提供给网络。感知器学习规则是赫布学习规则的一个变体,根据该规则,一个学习步骤中的权重变化与前突触活动成比例,也与期望值和实际的后突触活动之间的差异成比例。这个过程以一个固定的学习步骤重复,直到所有模式产生正确的输出。

然而,由于它的速度慢、学习能力有限,只有突触的权重可以改变到输出层,这种感知器实际上不可用。此外,还有一个重要的数学限制。

感知器学习算法从一组随机权重开始,根据误差函数修改这些权重,以最小化神经元的当前输出与训练数据模式(例如字母序列和像素图像)的期望输出之间的差异。这种学习算法的训练只能识别"线性可分离"的有监督的学习模式。在这种情况下,不同模式必须能清楚地用一条直线分开。

【举例】　图 7.3(a)显示了由小正方形或小圆圈组成的两种模式,这两种模式可以用一条直线分开,因此可以由感知器识别。图 7.2(b)显示了两种不能用直线分开的模式。

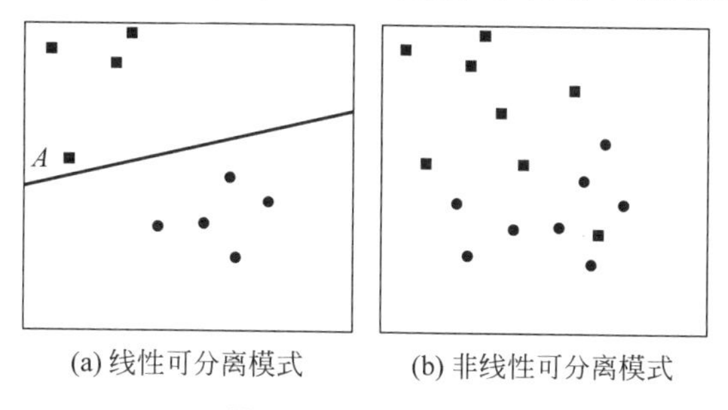

(a) 线性可分离模式　　(b) 非线性可分离模式

图 7.3　可分离模式

明斯基(M. Minsky)作为人工智能研究的引导者和帕帕特(S. Papert)在1969年证明，如果模式只能被曲线(非线性)分开，感知器就会失败，如图7.3(b)所示。

起初，明斯基和帕帕特将证据视为人工智能研究的神经网络方法的基本极限。这个问题的解决方案是受自然大脑结构的启发：为什么信息处理只能在一个方向上通过网络神经元的叠加层运行？鲁梅尔哈特(D. E. Rumelhart)、辛顿(G. E. Hinton)和威廉姆斯(R. J. Williams)在1986年证明了输入层、中间层和输出层之间的反馈信息流(反向传播)以及适当的激活和学习算法也允许非线性分类。在1989年，霍尼克(K. Hornik)、斯蒂奇康(M. Stinchcome)和怀特(H. White)证明了在适当的条件下，也可以使用前馈结构，如下定义。

【定义】 通过优化函数 $y(\boldsymbol{W},\boldsymbol{X})$ 的权重向量 $\boldsymbol{W}$、已知输入层的向量 $\boldsymbol{X}$ 和已知输出 y，确定有关输入变量的一个非线性函数。一个三层(前馈)神经网络包括了输入层神经元、中间层(隐藏层)神经元和输出层神经元，如图7.4所示，它由输出函数确定。

$$y(\boldsymbol{Z},\boldsymbol{W},\boldsymbol{X})=o(\boldsymbol{Z}\cdot h(\boldsymbol{W}\cdot\boldsymbol{X}))$$

上述公式包含：输入向量 $\boldsymbol{X}$，输入层与隐藏层神经元之间的权重向量 $\boldsymbol{W}$，隐藏层神经元的激活函数 h，隐藏层神经元与输出神经元之间的加权向量 $\boldsymbol{Z}$，输出神经元的激活函数。通过一个输出神经元可以预测单个数值。

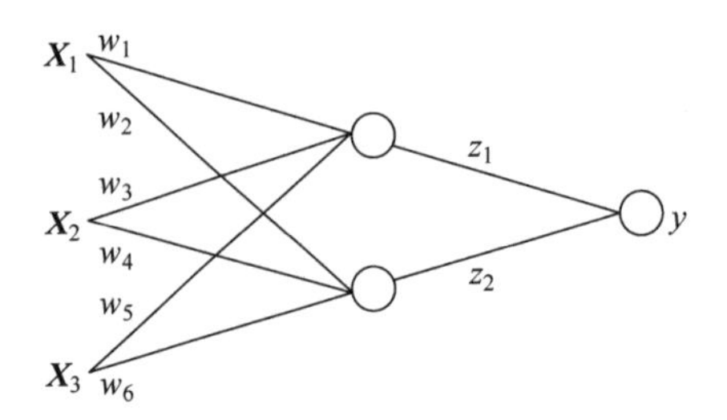

图7.4 具有一个输出神经元的三层神经网络模型

【定义】 一个具有三层、两个输出神经元的前馈神经网络由输出决定。

$$y_1(\boldsymbol{Z}_1,\boldsymbol{W},\boldsymbol{X})=o(\boldsymbol{Z}_1\cdot h(\boldsymbol{W}\cdot\boldsymbol{X}))$$

$$y_2(\boldsymbol{Z}_2,\boldsymbol{W},\boldsymbol{X})=o(\boldsymbol{Z}_2\cdot h(\boldsymbol{W}\cdot\boldsymbol{X}))$$

具有位于隐藏层神经元和两个输出神经元之间的联结权重向量的函数，如图7.5所示。

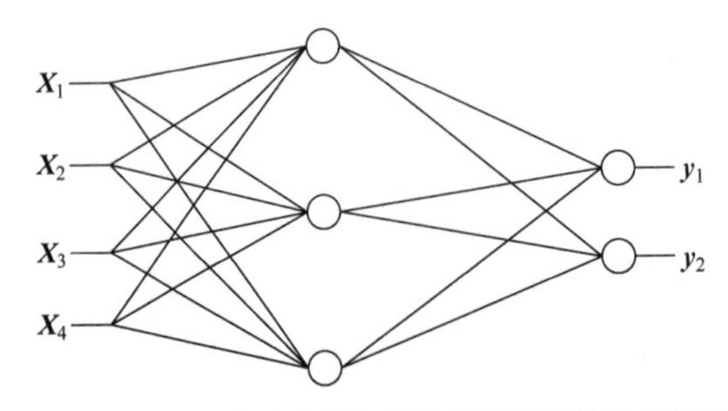

图7.5 具有两个输出神经元的神经网络的三层模型

多层输出神经元可用于分类任务。神经网络学习预测某个输入属于哪一类(对应于输出神经元的数量),如人脸、轮廓识别。

多层神经元网络用于视觉感知,它们可以在计算机上模拟,如下例。

【举例】 在第一层,计算机识别亮像素和暗像素。

在第二层,计算机学习识别简单的形状,如角和边。

在第三层,计算机学习区分更复杂的部分,如人脸细节。

在第四层,计算机学习将各个部分组装成人脸。

事实上,面部识别的步骤是按照从视网膜到人脑视野的顺序进行的,如图 7.6 所示。

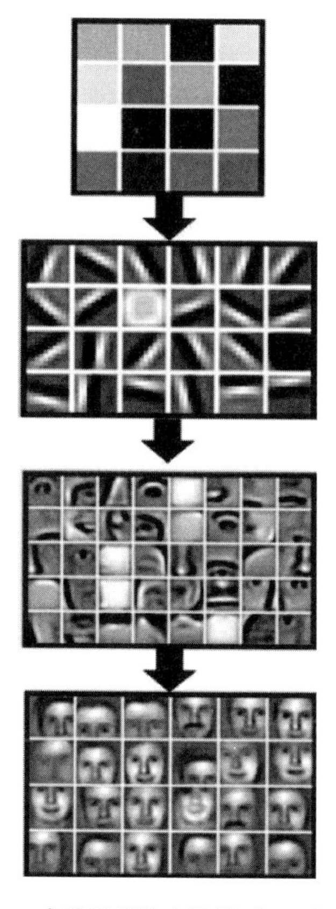

图 7.6 人脸识别的多层模型(深度学习)

多层神经网络的学习过程也被称为"深度学习",意思是指逐步"更深入"地了解脸部情况(例如一张图片):首先只识别单个构件,然后识别集群,最后识别整体。

20 世纪 80 年代初,物理学家霍普菲尔德(J. Hopfield)开发了一种单层神经网络,可用于自组织材料模型(自旋玻璃模型)。

【定义】 铁磁体是一个由偶极子组成的复杂系统,每个偶极子都有两个可能的自旋态:向上(↑)和向下(↓)。上下状态的统计分布可以指定为系统的宏观状态。

当系统冷却到居里点时，会发生相变，几乎所有的偶极子都会自发地跃迁到相同的状态，因此在不规则的分布中会出现规则的图案。因此，系统进入一种平衡状态，在这种状态下，一个秩序是独立组织的。这个秩序被认为是铁磁体的整体磁状态。

霍普菲尔德类似地描述了一个单层网络，其中二进制神经元完全对称地相互联结成网，因此它是一个均匀单一的神经网络。神经元的二元状态对应于偶极子的两个可能的自旋值。霍普菲尔德系统的动力学模型完全是基于固体物理的自旋玻璃模型。在自旋玻璃模型中，磁原子的能量相互作用被解释为二元神经元的相互作用。自旋玻璃模型中能量值的分布被理解为"计算能量"在神经元网络中的分布。

可以清楚地想象，在所有可能的二元神经元的状态空间之上有一个电势山脉，如图 7.7 所示。如果系统从一个初始状态开始，它会从这个电势山脉下山，直到它陷入一个局部最小值的山谷中。如果初始状态是输入模式，那么达到的能量最小值就是网络的响应。因此，具有局部能量最小值的山谷是系统运动的吸引子。

图 7.7　作为霍普菲尔德系统状态空间的电势山脉

【举例】 一个简单的应用是识别一个噪声模式，这个模式的原型系统已经学习过了。为此，设想一个棋盘状的二进制技术神经元网格，如图 7.8 所示。在网格中，一个模式（例如字母 A）被表示为：黑点表示所有活动神经元（值为 1），非黑点表示非活动神经元（值为 0）。字母的原型首先被"训练"到系统中，也就是说，它们和点吸引子或局部能量最小值相关。神经元与感知模式的传感器相关。

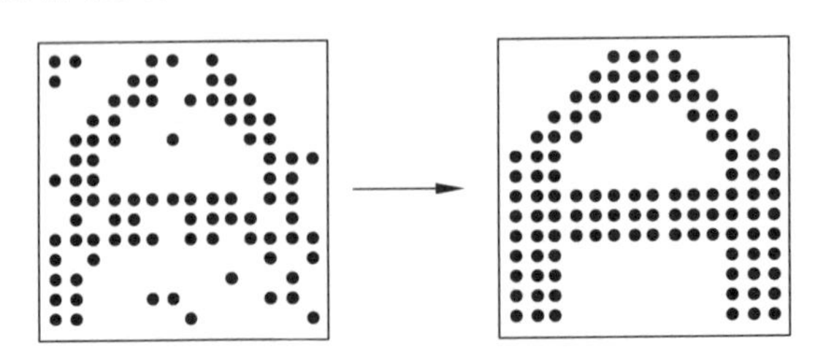

图 7.8　霍普菲尔德系统中的模式识别

如果现在向系统提供训练过的原型的噪声和部分干扰模式，则它可以在学习过程中识别原型：根据赫伯的学习规则，学习过程是通过单个神经元的局部相互作用进行的。如果两个神经元同时处于活动或非活动状态，突触耦合被放大。在不同的状态下，突触权重减少。这个学习过程一直持续到所存储的原型被生成（“识别”）。

因此，识别过程是一个向目标吸引子的相变过程，正如已经在铁磁体中观察到的那样。应该强调的是，这种阶段转换是在中央程序控制的情况下自组织发生的。霍普菲尔德系统也可以用于认知任务。在电势山脉中，能量最低的状态代表了一个最佳的解决方案。优化问题，例如需要搜索最佳旅行路线，也可以使用霍普菲尔德系统，如下例。

【举例】 在霍普菲尔德系统中，相应的突触权重考虑了城市之间的不同距离和它们被访问的顺序。

在几分之一秒的时间内，计算能量会进入一个稳定的、低能量的状态，这代表最短的路径。因此，神经网络可以不断地在数百万个可能的答案之间做出决定，因为它不必逐个地检查答案，它也不认为每一个可能的答案是真或是假。每一种可能性都有它的突触重量，这与联结系统和每种可能性的假设强度相对应。它们是并行处理的。

霍普菲尔德系统是并行工作的，并且是决定性的，即每个神经元对于字符识别来说都是不可或缺的。然而，活的神经细胞的行为很难像确定性的行星系统一般，即使有相应的技术网络模型，其主要的缺点也会出现。如果把霍普菲尔德意义上的识别过程或决策过程想象为能量衰减，那么学习过程就会陷入一个并非整个网络最深的山谷中。

因此，塞诺夫斯基（J. Sejnowski）和辛顿（G. E. Hinton）提出了一种将网络引导到更深山谷的程序。如果一个球体已经到达了能量山的一个山谷，那么显而易见的描述性的建议就是稍微震动一下整个系统，这样球体就可以离开山谷，以便达到更低的山谷。强或弱的振动运动会改变球体和气体分子的位置，气体分子的碰撞会受到压力和温度变化的影响。

因此，以统计力学和热力学创始人的名字，塞诺夫斯基和辛顿将他们的概率网络命名为“玻尔兹曼机”。

值得注意的是，约翰·冯·诺依曼早已经指出了学习和认知过程与玻尔兹曼统计热力学之间的联系。

从物理上说，寻找网络中的全局最小值和避免二次极小值的问题出现在晶体生长热力学中。为了使晶体具有尽可能无缺陷的结构，必须缓慢冷却。原子必须有时间在晶格结构中找到最小的能量位置。在足够高的温度下，单个分子能够以这样一种方式改变它们的状态，从而使总能量增加。在这种情况下，仍然可以保留局部极小值。然而，随着温度下降，发生这种情况的概率也随之降低。这一过程也被清楚地描述为“模拟退火或冷却”。

在实验上，概率网络与生物神经元网络非常相似。如果细胞被移除，或单个突触的权重被少量改变，玻尔兹曼机被证明是一个正确的选择，因为它对较小的干扰具有容错能力，就像人脑允许较小的事故损害一样。人脑通过并行处理信号的层次进行工作，例如，在感觉输入层和运动输出层之间，进行着不与外界接触的神经元信号处理的内部中间步骤。事实上，技术上神经网络的表示和解决问题的能力也可以通过在不同层中插入尽可能多的具有学习能力的神经元来得到提高。第一层接收输入模式，这一层的每个神经元都与下一层的每个神经元相连。一系列执行事务逐个地持续到最后一个层,并给出一个活动模式。

监督学习过程意味着要学习的原型(例如模式识别)是已知的,并且可以测量出各自的错误偏差。一个学习算法必须改变突触的权重,直到输出层出现一个尽可能少地偏离原型的活动模式。

一种有效的方法是计算输出层中每个神经元的实际输出和期望输出之间的错误偏差,然后通过网络的各个层进行跟踪。这个过程称为反向传播算法,其目的是通过导向默认模式的足够数量的学习步骤,将错误减少到零或可忽略的尽量小的值。

到目前为止,这种方法被认为是技术上有效的,但在生物学上是不现实的,因为神经元信号处理只是从突触前神经元到突触后神经元的前向(前馈)传播。然而,在长时期增强的情况下,反向信号效应如今也被讨论过。因此,使用反向传播的学习算法在神经生物学上可能会变得有趣。

无监督学习意味着学习算法可以识别出新的模式和关联,而不需要依赖于预先定义或训练过的原型。

在没有外部实例(原型或"教师")的"监督"下,神经网络如何学习?高度发达的生物进化形成的大脑不仅可以识别训练模式,而且可以根据特征自发地对其进行分类,而无须外部监控学习过程。术语和图形是自发的自组织产生的。在多层网络结构中,这一过程可以通过不同层次神经元之间的竞争和选择来实现。一个神经元通过赢得与群中其他神经元的竞争而学习,相关性和上下文之间的相似性得到加强,如图7.9所示。

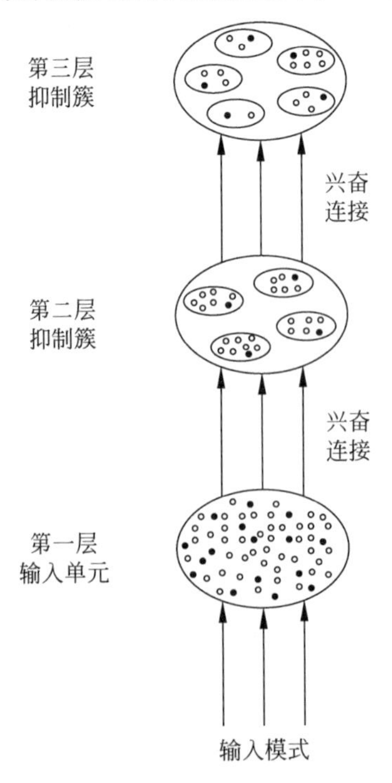

图7.9 多层神经网络检测相关性和聚类

事实上,感知信息被投射到皮层的多个神经元层。虽然这些投射是扭曲的,但它们保留了所描绘对象的点之间的邻域关系。这种扭曲的表征可以在视觉感知的视野中,也可以在身体表面的躯体化表征或皮层音调序列的听觉场中发现。

外部世界的视觉、触觉或听觉图像可能会被切割成碎片,以更好地适应皮层凹凸不平的表面。它们也可以通过更大或更小的失真、更高或更低的分辨率来表达某些区域更高或更低的灵敏度。然而,在这些部分中,相关性的顺序保持不变。因此,知觉信息不仅投射在多个神经层上,而且是并行处理的。在神经元层中,一个神经元层的邻近神经元也受到影响。

大脑皮层中的神经元投射因其几何性质,而被称为图像和神经元地图。由于外界的刺激,它们主要是自己组织自己的详细表示。这种神经元的自组织减轻了遗传信息的处理。由于它们在遗传信息编程中的永久性变化和复杂性,并不是所有的细节都能被考虑。对于视觉地图,计算神经科学家冯德·马尔斯堡(C. vonder Malsburg)提出了一种自组织算法,如下定义。

【定义】 在神经元地图中,突触会由于联结伙伴的活动而改变它们的联结(赫伯规则)。

神经元信号不仅会传递到随后的神经元层,而且在一层内会传递到相邻的神经元。

神经元相互竞争,较强激活的神经元抑制较弱的神经元。

由于许多神经元地图都是以这种方式工作的,人们认为只有自组织的原理是遗传锚定的,但是每个个体的细节都是独立发展的。根据这个生物学模型,科荷伦(T. Kohonen)设计了作为自组织的特征映射的神经元网络,可以满足无监督学习算法的需要。特征图的邻近激发位点对应于具有相似特征的外部刺激。这些包括视网膜、皮肤或耳朵上的刺激部位,它们被映射到皮层的神经元层上。

【定义】 刺激的输入信号(几何解释为向量空间的向量)被映射到科荷伦映射图中的二次网格上,其节点代表皮层的神经元,如图 7.10 所示。

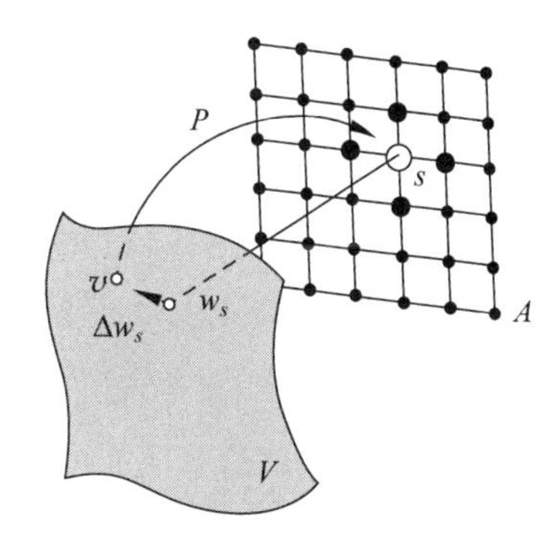

图 7.10 无监督学习的科荷伦映射图

在一个单一的学习步骤中,随机选择一个刺激并映射到最适应的神经元。与其他晶格神经元的突触强度相比,这种神经元的突触强度与输入刺激的差别最小。

在这个兴奋中心附近的所有神经元也被激发,但随着距离的减小而减少。它们在学习阶段适应了兴奋中心。

然而,学习算法依赖于邻域关系的范围和对新刺激的反应强度。每重复学习一步,这两个值都会降低,直到映射从无序的初始状态变为特征映射,其细节尽可能充分地对应于输入刺激的分布。信息系统独立进入平衡状态,这与信息的产生有关。

在无监督学习中,算法学习从输入集合中识别新的模式(相关性),而无须“教师”(例如自组织科荷伦映射)。在监督学习中,算法学习从给定的输入和输出对中确定函数(训练),“教师”(例如经过训练的模式原型)纠正从正确函数值到输出的偏差(例如对所学模式的识别)。

强化学习介于两者之间：给机器人一个目标（就像监督学习那样），然而它必须独立地实现（就像在无监督学习中那样）。在逐步实现目标的过程中，机器人在每一步都会收到来自环境的反馈，以判断它在实现目标方面的好坏。它的策略是优化这种反馈。

在技术上这意味着：算法通过经验（尝试和错误）来学习如何在（未知）环境（世界）中行动，以最大限度地发挥智能体的作用。

【定义】 从数学上讲，强化学习是一个智能体及其环境的动态系统，其离散时间步长为 $t=0,1,2,\cdots$，在任何时刻 t，世界都处于 z_t 状态。智能体选择一个相应的动作 a_t。然后系统进入 z_{t+1} 状态，智能体收到奖励 r_t，如图 7.11 所示。

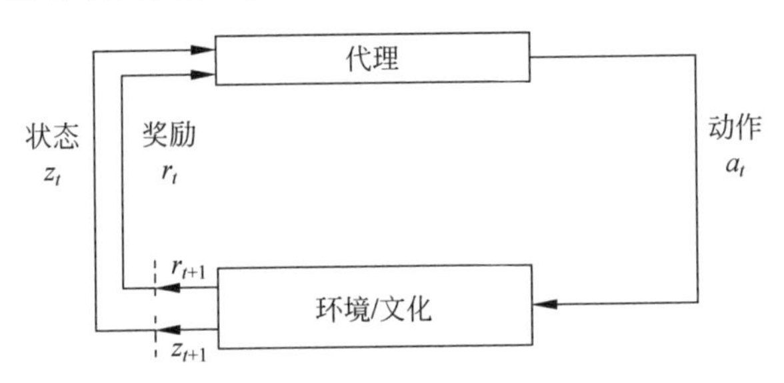

图 7.11 智能体从环境中加强学习

智能体的策略定义为 π_t，其中 $\pi_t(z, a)$ 是当状态为 $z_t=z$ 时，动作 $a_t=a$ 的概率。强化学习算法决定了智能体如何根据其经验（奖励）改变其策略。智能体的目标是优化其反馈以达到目标。

【举例】 一个移动机器人，它应该在办公室捡起空的饮料罐，然后把它们扔进垃圾桶。这个机器人有探测罐子的传感器，还有一只带有抓握装置的手臂，它的活动依赖于偶尔需要在基站上充电的电池。机器人的控制系统由传感器信息解释部件、机器人手臂和机器人夹持器导航部件组成。通过考虑电池电量的增强算法，实现对罐子搜索的智能决策。

机器人可以在三个动作中进行选择：

(1) 在特定时间段内主动搜索罐子。

(2) 静止冬眠，等待有人拿蓄电池来。

(3) 回到基站给电池充电。

一个决定是周期性的，或者是当某些事件发生时，比如发现了罐子。机器人的状况由电池的状况决定。

奖励通常为零，但当机器人发现空罐时，奖励变为正值；当电池电量耗尽时则变为负值。

理想情况下，一个智能体处于一种总结所有过去经验以实现其目标的状态。通常情况下，它的直接和现在的看法是不够的，但是对过去所有观念的完整历史也没有必要。对于一个球的将来飞行来说，知道它的当前位置和速度就足够了，没有必要知道完整的前一过程。在这种情况下，当前状态的历史对未来的发展没有影响。如果一个状态发生的概率只依赖于前一个状态和该状态下的智能体的前一个动作，则决策过程满足马尔可夫(Markov)特性：

【定义】 马尔可夫决策过程(Markov Decision Process，MDP)由马尔可夫特性决定，如下式。

$$P(z_{t+1}, r_{t+1} \mid z_0: t, a_0: t, b_0: t) = P(z_{t+1}, r_{t+1} \mid z_t, a_t)$$

行动模型 $P(z_{t+1}, r_{t+1} | z_t, a_t)$ 是智能体选择行动时，从状态 z_t 变为状态 z_{t+1} 的条件概率分布；r_{t+1} 是下一步的预期收益。

由于计算和存储容量有限且成本高昂，实际的强化学习应用往往需要马尔可夫特性。即使对当前状态的了解不够充分，对马尔可夫性质的近似也是有利的。对于非常大的("无限的")状态空间，必须对智能体的效用函数进行近似(例如 SARSA＝状态-动作-奖励-状态算法、时间差分学习、蒙特卡罗方法、动态规划)。

根据英国数学家和神学家贝叶斯(T. Bayes，1702—1762)的理论，学习可以用事件的条件概率来解释。概率不能被理解为频率(客观概率)，而是被理解为置信度(主观概率)：事件 A 在事件 B 发生之前出现的先验概率设为 $P(A)$，在事件 B 发生之后出现的后验(条件)概率设为 $P(A|B)$。

【背景资料】 贝叶斯定理可以用来计算条件概率：事件 B 发生之后事件 A 的条件概率 $P(A|B)$ 由事件 B 的概率 $P(A \cap B)$(即事件 A 和 B 同时发生的概率)和事件 B 的概率 $P(B)$ 相除所得的商决定。

$$P(A \mid B) = \frac{P(A \cap B)}{P(B)} = \frac{\dfrac{P(A \cap B)}{P(A)} \times P(A)}{P(B)} = \frac{P(B \mid A) \times P(A)}{P(B)}$$

因此，贝叶斯定理中 $P(A|B) = \dfrac{P(B|A) \times P(A)}{P(B)}$，即在给定 A 以及先验概率 $P(A)$ 和 $P(B)$ 的前提下，由 B 的条件概率计算出 A 在 B 发生后的概率。

从经验中学习可以通过学习具有条件概率的定理来实现。人工智能可以使用此程序来评估未来的决策和行动：贝叶斯网络由事件变量的节点组成，其联结(边)由条件概率加权。由此可以计算出在其他事件条件下事件的概率。

【举例】 事件 E(地震)和 B(盗窃)触发事件 A(警报声)，如图 7.12 所示。警报使约翰打电话(事件 J)或玛丽打电话(事件 M)给消防队。变量 E、B、A、J、M 是二进制的，与真值 T(事件发生)或假值 F(事件未发生)相关联。因此，警报 A 可能是由地震 E 或入室盗窃 B 引起的，警报 A 可以触发约翰 J 或玛丽 M 给消防队打电话。

【举例】 如果观察到有人闯入而没有发生地震，是约翰打电话而不是玛丽，那么警报响起的概率有多高？

贝叶斯网络允许有效的预测和决策模型。然而，人类的决策过程很少是"理性的"，他们常常被感觉和直觉所"扭曲"。心理学家、诺贝尔经济学奖获得者卡纳曼(D. Kahneman)引起了人们对这一点的关注，并谈到了人类选择的认知扭曲。通常，这些被称为"典型的人类"

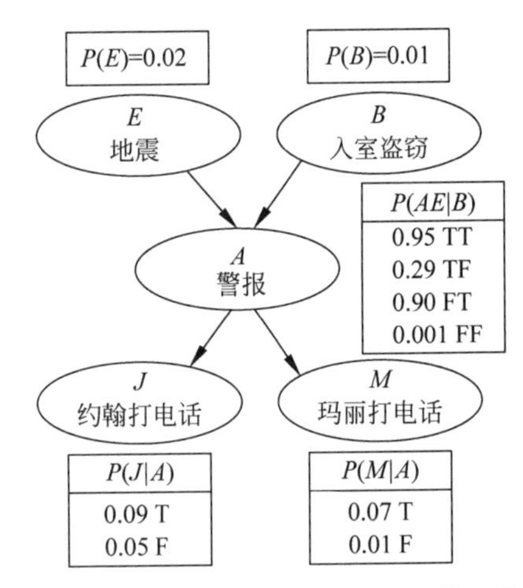

图 7.12　具有条件概率的贝叶斯学习网

反应被引用是为了减少图灵测试之后人工智能对人类智能的影响。

理性决策的人工智能可以用经典效用理论来描述。

在经典效用理论中，一个期望值是由 $x_1, x_2, \cdots, x_n$ 的可能结果乘以它们的发生概率 $p_1, p_2, \cdots, p_n$，然后将加权结果 $p_1x_1, p_2x_2, \cdots, p_nx_n$ 相加得到。

在形式上，可以在人工智能中考虑理性期望值的"认知扭曲"：为了计算效用的期望值 u，卡纳曼考虑了发生概率的认知扭曲，并通过 $u=\sum_{i=1}^{n} w(p_i)v(x_i)$ 中的值函数 v 来计算结果。为此选择的函数为非线性 S 形，如图 7.13 所示，其权重大于利润。概率加权函数 w 考虑到人们高估了不太可能的结果，从而低估了更可能的结果。

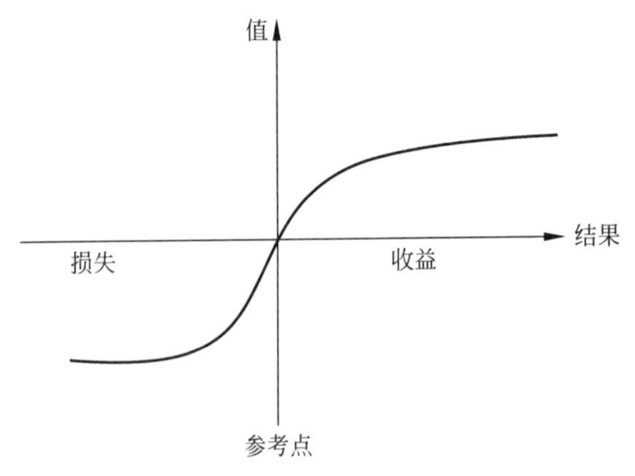

图 7.13　理性决策的认知扭曲

一个例子是对飞行的恐惧，这种情况下对飞机失事等罕见事件的估计过高。相比之下，更频繁的交通事故被低估了。因此在这种情况下，一个机器人可以使用一个认知扭曲函数来通过图灵测试。但是，它还没有"拥有"任何情绪，只是模拟它们。

7.3 情感和意识

就像感知和运动一样，情绪是由大脑中的神经回路控制的。因此，情绪也基于可以被人工智能获取的信号和信息过程。

在生物有机体中，神经信使在情绪回路中起作用。在动物身上已经观察到，恐惧与外部反应有关，例如心跳加速、呼吸加速或口干。情绪系统与负责的自主神经系统相互联系。但是，认知和记忆对情绪状态也有影响：快乐、悲伤或痛苦都与想法和记忆有关。对大脑的研究表明，人类的思维、感觉和行为是如何紧密地联系在一起。因此，心理学也谈到了人类的情商，这是典型的决策。人工智能研究的目的是从技术上模拟甚至生成具有情商的信息系统。在这种情况下，认知和情感都不局限于生物有机体。

【背景资料】 对于一个模型，在情绪过程出现的情况下做出外部反应。焦虑状态下的生理变化，如心跳加快、皮肤蒸腾、肌肉紧张等，都是由自主神经系统触发的，这种神经系统并不是有意体验到的，而是不由自主地(自主地)做出反应。

在间脑，下丘脑是控制中心，它记录外部和内部状态的变化，并利用自主神经系统来调整和稳定身体以适应新的情况。增加心跳以增加血液供应或扩大瞳孔以获得快速反应，都是焦虑等令人担忧的情况的例子。此外，下丘脑作用于(内分泌)腺体系统释放激素，因此下丘脑可以类比于稳态系统中的平衡调节器。通过对猫和大鼠的下丘脑的电模拟，可以产生与愤怒等典型外部反应相关的状态。

人类大脑中的情感是从哪里产生的？这涉及脑干和间脑(边缘叶)周围的大脑皮质环。边缘系统还包括海马体和杏仁核。事实上，扁桃体和海马体形成的颞叶的失败导致了"情感盲"：患者没有情绪表达。

除了杏仁核的化合物外，与联合皮质的相互联系也表现出来。具体而言，杏仁核结构的神经元开关单元以复杂和大规模的方式与各种神经元系统联网，迄今为止，这些神经系统只是部分被探知的。因此，丘脑的感觉核团和初级感觉皮层有冲动。输入和输出通过杏仁核结构(中央核)的一个开关核反馈到皮层关联场，从而使人有意识地体验情绪，开关核心还涉及警觉程度和与之相关的生理反应。

杏仁核结构也参与认知感觉信号的情绪染色。边缘系统穿过某些与产生攻击性、焦虑、悲伤和抑郁情绪有关的递质通路。大脑产生的吗啡会引起快乐和欲望。因此，情绪状态是由不同的、广泛相互联系的大脑结构引起的。已知的神经系统有愤怒-暴怒、恐惧-焦虑、恐慌-悲伤、快乐-欲望和兴趣-期望系统。

神经学家达摩肖(A. Damásio)区分了由边缘系统先天性神经回路产生的初级感觉的基本装置和由于特殊经验而在个体发育过程中获得的次级感觉。次级感觉是通过将基本的神经回路与前额叶大脑皮层联结起来，从而使个人的经验、记忆和学习过程得以实现，并对初级感觉进行修改和进一步发展。与感觉和运动系统一样，情绪系统没有固定的情绪基础图，而是有大量的神经元表现模式，这些模式被永久性地修改和协调。

【定义】 这种情绪状态的动态行是情感计算的研究课题，它借鉴了人工智能的方法，第一要务是改善人机关系。一个例子是训练神经网络识别情绪反应。

计算机与用户界面的改进应使没有鼠标和键盘的计算机通过面部表情、手势或声调进行操作。残疾人尤其可以从中受益。

在大脑研究中，人们假设情绪是由一个神经网络可以识别的生理信号模式表示的。例如，愤怒或悲伤是由肌肉张力、血压、皮肤传导性和呼吸频率的某些测量曲线决定的。神经网络可以训练成识别典型的模式，以便即使在嘈杂的模式下也能识别基本情绪。这样一个神经网络在情感诊断上可能和一个曲解这些曲线的人类心理学家一样犯错。因此，按照图灵的说法，它可以接受图灵测试，因为犯错是人之常情。另一方面，软件的情感识别是通过测量仪器和数量实现的，这些仪器和数量对人类的情感感知不是决定性的。

因此，其他方法考虑到面部表情，这是灵长类动物情绪化肢体语言的基础。因此，有许多面部表情的基本模式，它们被理解为这种语言的代码。神经模式识别系统有几种可能。

情绪化的面部表情，例如"快乐""惊讶""愤怒""厌恶"都与紧张或放松的面部区域有关，由于血液循环的增强或减弱而形成这些区域的热量或能量图。使用特殊的传感器，神经网络可以感知这种情感地图。神经网络被训练在相应的原型上，因此即使在嘈杂的模式下也能识别情绪。在这种情况下，情绪模式识别系统的工作原理与人类的不同。取代人类如果不借助其他仪器而无法识别的热力图，面部表情和面部典型部位的肤色要起作用。

【举例】 利用合适的神经网络可以识别和区分视觉人脸地图。例如，某些网络区分了面部区域的参数：眉毛的大小、倾斜度和形状，嘴的大小、宽度和形状。由于这些特征或多或少是明显的，它们被定义为从0到1间的模糊属性。就眼睛的大小而言，眼睛可以是闭着的(0)、弱的(0.33)、中等的(0.67)或大开的(1.0)。在电子邮件语言中，二进制代码如:-)或:-(因表示高兴或沮丧而闻名。在模糊编码中，嘴弓可以在两个极端位置之间变化，以表示嘴的形状。因此，整个面部表情由这些参数的八个模糊值决定。快乐、悲伤、愤怒、厌恶、恐惧和惊讶的六个情绪参数也可以通过"弱"、"中"和"强"之间的模糊值加以证明。然后，通过这些参数的八个模糊值来确定一个总的情绪状态。作为心理测试的一部分，受试者可以填写关于这些参数的模糊信息来确定他们在特定情况下的情绪状态。这种情况是用情感模式的模糊值来表示的。

鬼泽(T. Onisawa)领导的一个日本研究小组设计了一个基于情境的面部情绪识别系统，如下例。

【举例】 情感原型是建立在快乐、悲伤、愤怒、厌恶、恐惧、惊讶和不自然的基础上的。该系统由七个神经网络组成，这些神经网络决定每个原型的程度。

因此，每个网络包含一个输入层，其中八个节点用于面部参数，六个节点用于情景模式，还有一个输出层，该层接收七个情感原型中的每个节点。

在输入层和输出层之间还有两个神经元层，每层有20个神经元。

反向传播算法确定与情感原型的偏差。在不同的情况下，相同的面部表情可能与不同的情绪状态有关。

整个系统的7个输出神经元为7个情绪原型描述了整体敏感性的模糊值。

例如，如果3种及以上的不愉快情绪，如愤怒、厌恶、悲伤或恐惧，只感受到了一点点，那么就已经有了一种状态，它在自然语言上用模糊的术语“不适”来描述。尽管这个系统具有适应性、灵活性、容错性和模糊性，但它的工作基础与大脑中负责这项任务的神经元区域不同：大脑中没有一个单独的区域除了识别一种特定的情绪之外什么也做不了。另外，这个系统考虑到了在情感敏感方面起作用的文化特性，因此它在日语中被称为情感信息系统的感觉一词。

能否设计出既能识别情感又能感受情感的动态系统？灵长类动物的情绪与复杂网络中的神经化学和激素变化有关。情绪和感觉并不像传统计算机的处理器那样在细胞或大脑模块中编程，而是在这些网络的突触电路模式和激素反馈中进行编程。因此，使用学习算法模拟情绪动力学的电路模式是可以想象的。

【举例】 CATHEXIS模型假设一个情感原型网络被表示为节点，它有7种情感状态：愤怒、恐惧、痛苦、悲伤、快乐、厌恶和惊讶。作为情感网络的混合状态的进一步情感也同样可以被产生出来，原来的情感原型在不同程度上参与其中。例如，悲伤是某种形式的难过，愤怒和恐惧在其中产生共鸣。一个情感原型的强度会被其他原型的强度加强或抑制，例如愤怒抑制了愉悦和快乐，却加剧了悲伤。

这种情感系统还配备了一个行为系统，在这个系统中可以选择不同的行为策略，从姿势到面部表情都有变化。究竟选择哪种行为取决于每种情况下的主导情感。通过相应的数值表示，算法计算确定要选择的行为的最高值。这种行为是由马达系统来实现的，以改变系统环境。

CATHEXIS模型区分了四种内部刺激：神经刺激涉及神经化学和激素信使。感觉运动刺激涉及肌肉电位和运动神经刺激。动机刺激是指所有能引发情感的动机，包括饥饿和干渴的触发因素，以及疼痛刺激作为疼痛感觉的触发因素。最后假设，皮层刺激可以通过思考和决策来触发情感。

【定义】 CATHEXIS系统是通过计算t点处情绪原型p的强度的函数来定义的。这些函数取决于前一时刻($t-1$)的情绪强度，即剩余情绪原型对p的刺激和抑制作用，以及由激发整个有机体网络的四种内部刺激造成的p的整体影响。每一种情感都是由较低的触发阈值和较高的饱和阈值决定的。

这就是为什么幸福和痛苦的感觉开始于某个特定的刺激阈值，而不能任意增加。然而，这些个人情感的阈值在人类身上是不同的，有些人比其他人对痛苦、烦恼或快感更敏感。

通过情感原型各自的阈值来调整情感系统的期望性情也是有意义的。因此，情绪系统CATHEXIS的动力学是由七个假定的基本情感类型的七个耦合方程决定的。

作为一个非线性的复杂动态系统，它产生了系统的总状态，这些状态稳定在稳态平衡状态，但也可能陷入混沌。可以说情绪吸引子，它们分别代表了不同类型的性情，从在“极度喜悦”和“悲痛欲绝”状态中波动的乐观主义者，到迷失在愤怒的混乱吸引子中的暴躁者。

人工智能的混合系统，除了运动和认知功能外，还可以配备情感子系统。就大脑而言，基于知识的专家系统可以与情感系统相结合，类似于大脑皮层与边缘系统（如杏仁核）的控制中心联网。从这种动态性到一种合适的编程语言的转换，最初只提供了一个情感化的软件，它本身并没有感觉。对于机器人来说，在刺激的数值间隔中，以一定的阈值触发相应的动作就足够了：机器人不需要真正感受到痛苦和快乐，就可以以一种高情商且友好的方式与用户互动。

因此，如果情感软件能像生物有机体一样与荷尔蒙、神经化学和生理过程的相应湿件联结起来，那么机器人的情感体验绝不会被排除在外。即使有了这种生理生化设备，机器人也不必在各个方面都感觉像人类。无论如何，原则上不排除有意识系统的产生（见第8章）。

大多数身体和大脑的功能、感知和运动都是无意识的、程序性的、非陈述性的。在进化过程中，注意力、警觉性和意识已经成为选择的优势，以便在危急情况下更谨慎、更准确地采取行动。因此，感知减少了不确定性，从而有助于系统的信息增益。然而，如果一个复杂信息系统的所有过程步骤都以这种受控的方式“被意识到”的话，它的负担将过重。

即使是高度复杂的认知过程也会无意识地发生，通常不知道解决问题的想法和信息是如何产生的。科技、科学和文化史充满了伟大的工程师、科学家、音乐家或文学人物的奇闻逸事，他们在睡梦中如实地报告了直觉和无意识的想法。即使是管理者和政治家也经常做出直观的决定，而没有意识到复杂情况的所有细节。对于人工智能研究来说，意识功能可以在认知和运动系统中发挥重要作用，但绝不能拥有这种建构性的功能，没有这种功能，就不可能解决智能问题。

在大脑研究中，意识被理解为注意力、自我感知和自我意识程度的尺度。我们首先区分视觉、听觉、触觉或运动意识，这意味着在这些生理过程中感知自己。然后，我们知道现在看到、听到、感觉或移动，而不必总是意识到视觉、听觉、触觉或运动过程。

有意识视觉感知的神经生物学的解释再次依赖于并行信号处理的层次模型。

【举例】 在每个层次上，视觉信号被重新编码，并且通常在并行路径上是不同的。视网膜神经节细胞将光刺激转化为动作电位。初级视觉皮层的神经元对线条、边缘和颜色的反应不同。

层次较高的神经元对移动的轮廓做出反应。在更高层次上，整个人物和熟悉的物体都被编码、情感色彩化，并与记忆和经验联系在一起。最后，投射出运动前结构和运动结构，这些结构的神经元会触发诸如言语和动作之类的活动。

这个模型解释了：为什么那些神经层次结构遭到破坏的患者不再有意识地识别熟悉的面孔，尽管他们隐含地感知到一张具有典型细节（轮廓、阴影、颜色等）的脸。专门感知形状（例如轮廓的完整性、前景背景）的神经元创造了图形的概念，尽管这些图形只是在图像中被暗示或联想到的。

一些哲学家教导“认知主体”（观察者）和“认知客体”（物理形象）之间的“有意识的”（意识所指的）关系。在相应的脑部病变患者中，形状的发展是缺失的。在不同层次的损伤中，受伤的患者失去了自觉感知颜色的能力，虽然他们眼睛的颜色感受功能是正常的。

复杂神经系统层次级的并行信号处理模型对神经网络技术具有相当重要的意义(见第7.2节)。然而,对于神经生物学家和大脑研究人员来说,只要所涉及的神经元结构及其分子和细胞信号处理没有被观察、测量和实验所确认和证实,它仍然只是一个模型。

关于意识状态,现代神经生物学、认知和大脑研究的实际问题就在这里。在细胞水平上,某一层级的神经元对某些轮廓和形状做出反应,它们是如何"相互联结"的?遵循赫伯规则,同时进行的活动不应该仅仅刺激对感知对象的各个方面做出反应的神经元。暂时地,受影响的突触也必须得到加强,以便在短期记忆中形成可重复的活动模式。在知觉系统中,已经熟悉了同步过程。根据这一点,所有代表某一方面的神经元都必须同步激活,但对另一方面作出反应的神经元则是异步的。

【问题】 在这一方法的持续进行下,可以发展出这样一个假设:注意和意识状态会由某些同步的活动模式产生,例如形状知觉中对前景-背景关系的注意。

在这方面,提到了上述突触回路的长时程增强,它被认为在记忆形成中起作用,可以保证有意识知觉的短期或长期再现性。

其他作者如克里克(F. Crick)认为,特定皮质层的神经元通过提供循环激励和注意力来维持回路,这与意识状态密切相关。

最后,还有一个关于自我意识的问题,称为"我"的自我意识。在一个孩子的成长过程中,自我意识的觉醒、知觉、动作、情感、思想和欲望逐渐与个人的自我联系起来的阶段可以被精准地确定出来。这不会像一盏灯那样一下子打开一个"意识神经元"。这样的想法只会推迟问题的解决,因为必须要问意识是如何在这个意识神经元中产生的。知觉的例子说明了在自我反省的过程中,最终导致自我感知的复杂相互联系的过程:我感知到了一个物体;最后,我感知到我自己感知到了这个物体;最后,我感知到我自己感知到我自己感知到了这个物体,等等。

【问题】 这些自我感觉的每一个层次都可以根据弗洛尔(H. Flohr)的一个假设与某个神经元的表现模式(神经元地图)相联系,而其编码作为下一个感知水平的输入,会触发一个新的自我反射的神经元表示。

相反地,一个储存的活动模式可以被我们自己用语言代码"我"来调用,以便直接表达意图和愿望,或者通过行动来实现它们。这种自我感觉可以被药物(medication 和 drugs)所减缓、模糊或加速到兴奋的中毒状态。同步活动模式形成过程中的突触联结速度实际上会受到递质释放的影响。

发展自我意识的倾向很可能是遗传性的,即使还不知道具体的方式。在进化过程中,它从关注感知、运动、情感和认知的重要方面演变而来。在谈论历史、社会和社会意识时,指的是关注集体共存和生存的重要方面。而且,对于这种集体的自我意识,感知、分析、决策,以及情绪评价和行动动机所组成的复杂神经网络系统都被激活了。因此,如果导致大脑复杂状态(如"意识")的规律与另一个器官(如心脏)的复杂动力学一样广为人知,那么原则上不排除具有对应状态的复杂系统。对于这些系统,内在的自我知觉也不一定与语言表征相联系。

现有的计算机和信息系统已经实现了简单形式的自我监测。在生物进化过程中，动物和人类发展出越来越复杂的意识形态。如果意识只是大脑的一种特殊状态，那么“原则上”就不能理解为什么只有过去的生物进化才能产生这样的系统。到目前为止，技术经验很少能够支持关于大脑生物化学独特性的信念。

毕竟，人类在知道飞行的流体力学定律之后，能够在没有羽毛和扇动翅膀的情况下飞行。在这种复杂的系统中，在适当的实验室条件下，是否谈论“人工意识”就如同“人工生命”一样，只是一个定义问题。在人工智能研究的框架内，混合电路中的感觉、认知或运动系统可以联结到自我监控模块。然而，这些系统在多大程度上应具备注意、警觉和意识的能力，这不仅是一个技术可行性的问题，而且在时机成熟时，也会是一个道德伦理问题。

参考文献

第8章 机器人变得社会化

CHAPTER 8

8.1 人形机器人

随着技术的日益复杂和自动化,机器人正在成为工业社会的服务提供者。如今生物的进化激发了机器人系统用于不同目的的构建。随着所服务任务的复杂性和难度增加,人工智能技术的应用成为必然。而且机器人不一定要看起来像人类,正如飞机看起来不像鸟一样,根据它们的功能,也有其他的适应形状。因此,问题就出现了:类人机器人应该具备哪些属性和能力?

类人机器人应该能够在人类环境中直接行动。在人类环境中,环境与人类的比例相适应,设计范围从走廊的宽度、楼梯台阶的高度到门把手的位置。对于非人类机器人(例如在轮子上或用其他抓手代替手),必须在环境变化方面进行大量投资。此外,人类和机器人应该一起使用的所有工具都适应了人类的需要。不可低估的是,类人形态在心理上促进了机器人的情感处理。

与固定的工业机器人不同,当脚自由漂移时,类人机器人在行走时会摔倒。如果一只脚和整个鞋底都放在地上,类人机器人可以安全行走而不会摔倒。

为了确定鞋底是否与地面保持接触,应该确定零力矩点(Zero Moment Point,ZMP),即脚部从地面承受的所有水平力等于零的点。机器人可以依靠这一点来确保它当前的倾斜度保持不变。ZMP始终位于鞋底和地面之间的区域,如图8.1所示。

当一个人直立站立时,只要投射到地面上的重心在带有ZMP的鞋底的稳定区域内,他的鞋底就会保持与地面接触,如图8.1所示。然而,这仅仅是预防摔倒发生的充分条件,而不是必要条件。

在不平的地面上行走、爬楼梯、携带重物行走或比赛跑步等高级问题需要使用ZMP进行复杂的运动模式计算。在数学上,由一个非线性微分方程组给出了关节速度轨迹与ZMP之间的关系。从ZMP的给定轨迹计算关节速度轨迹是困难的。自ASIMO(2000)以来,本田公司一直在使用一种实时的产生稳定运行模式的程序。

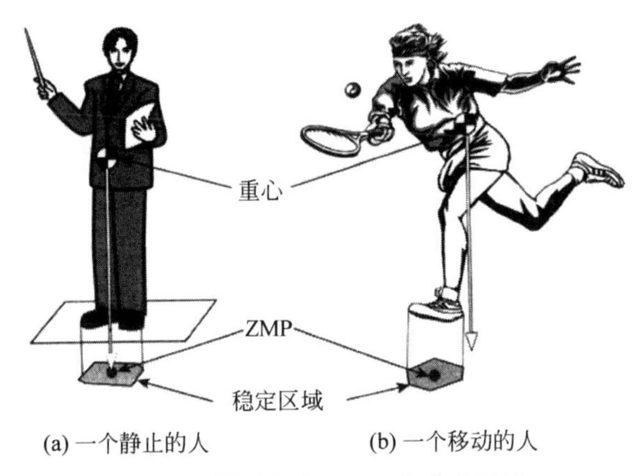

图 8.1 零力矩点(ZMP)和稳定区域

在这里,技术和自然的区别变得很明显。为了实现人类稳定地运动,进化并不需要一台能够实时求解非线性运动方程的高性能计算机来实现按照解的模式运动。因此,没有必要由工程师进行“智能设计”。数学模型和相应的计算机程序是人类以自己的方式解决运动问题的发明。

正向运动学的动力学模型显示了在给定的当前状态、作用于四肢的力和力矩、与环境的接触以及其他条件下,如何计算类人机器人的下一个运动状态。

在逆向运动学的动力学模型中,对给定标称位置处作用于关节的力和力矩的反向计算进行了控制。

基本的数学方程如牛顿-欧拉(Newton-Euler)公式早已为人所知。由于高性能计算机具有高效的求解算法,它们的实时技术实现才成为可能。

类人机器人不仅有两条腿和两条手臂。它们配备了光学和声学传感器。在空间和电池寿命方面,可使用的处理器和传感器受到限制。光学和声学功能的小型化与发展用于局部信号处理的分布式微处理器一样必要。

日本是类人机器人技术的领导者。日本经济产业省自 1998 年以来一直致力于类人机器人项目(Humanoid Robotics Project,HRP)的研究。然后,类人机器人应该能够在正常环境中自由移动、克服楼梯和障碍物、独立搜索路径、摔倒后爬起来保持移动、独立操作门及单手进行工作。原则上,类人机器人可以像人类一样工作。

毕竟,机器人应该能够独立完成任何人类都能完成的运动任务。这需要三维光学传感器来感知物体的状态、位置和方向以及一只可以执行任务的手,它在抓取物体和规划工作步骤时,迫使传感器检测机械手的状况。

与人类共享生存空间并与人类合作的类人机器人——这一目标的实现就是人力资源规划的最终目标的实现。在这种情况下,类人机器人不应该伤害人类或破坏环境,应该同样保证运动和工作所需的安全和力量。只有这样,人类才能使用服务机器人,而原则上,它可以在任何家庭中被使用。

8.2　认知和社会型机器人

为了达到类人机器人项目的最后阶段、与人类共同生活，机器人必须能够识别人类的图像，以便变得足够敏感。这需要认知能力。功能主义、联结主义和面向行动的方法的三个阶段可以被区分开。现在对其进行研究。

功能主义的基本假设是，生物和相应的机器人一样，都有一种内在的认知结构，通过符号来表现外部世界的物体以及它们之间的属性、关系和功能。

当外界的过程被假定在符号模型的功能中是同构时，也涉及了功能主义。就像几何向量或状态空间代表物理的运动序列一样，这样的模型可以代表机器人的环境。

【背景资料】 功能主义方法可以追溯到20世纪50年代纽威尔(A. Newell)和西蒙(H. Simon)提出的早期认知主义心理学。在形式语言(例如计算机程序)中根据规则处理符号，这些规则在外部世界的表示之间建立逻辑关系，从而得出结论并生成知识。

根据认知主义的方法，规则处理独立于生物有机体或机器人身体。原则上，所有较高的认知能力，如物体识别、图像解释、问题解决、言语理解和意识等都可以简化为符号计算过程。因此，生物能力，如意识，也应该转移到技术系统。

这种认知-功能主义方法在有限的应用中证明了它的价值，但它在实践和理论上都存在根本的局限性。这种机器人需要对外部世界有一个完整的符号表示，必须随着机器人位置的变化而不断调整。诸如ON(TABLE, BALL)，ON(TABLE, CUP)，BEHIND(CUP, BALL)等关系，表示球和桌子上杯子相对于机器人的关系，随着机器人在桌子周围移动而变化。

另一方面，人类不需要符号化的表征，也不需要对不断变化的情况进行符号化更新，感官与周围环境有着物理上的互动。理性的思想和内在的象征性表征并不能保证理性的行动，正如简单的日常情况那样。因此，人类避免了由于闪电般的物理信号和相互作用而突然发生的交通阻塞，而不需要借助符号表示和逻辑推导。

因此，在认知科学中，区分形式行为和物理行为。国际象棋是一种具有完整的符号表示、精确的游戏位置和正规操作的正规游戏。足球是一种非正规的游戏，其技能依赖于身体的互动，而没有充分表现出情境和操作。足球比赛也有规则，但由于身体的作用，情况永远不会完全相同，因此不能随意复制(与国际象棋不同)。

因此，联结主义方法强调意义不是由符号承载的，而是复杂网络中不同通信单元之间交互作用的结果。这种意义和行为模式的形成或出现是通过神经网络的自组织动力学实现的(见第7.2节)。

然而，认知主义和联结主义的方法原则上都可以忽略系统的环境，只描述符号表征或神经元动力学。

相比之下，面向动作的方法侧重于将机器人身体嵌入其环境中。特别是简单的自然有机体，如细菌，提示了可以建立行为控制的人工制品，能够适应不断变化的环境。

但这里的需求也是片面的，只支持基于行为的机器人技术，而排除世界的符号表示和模型。

诚然，人类的认知表现考虑了功能主义、联结主义和行为主义的各个方面。

因此，像人类一样，一个类人机器人自身的实体性(具身)被假设是正确的。然后这些机器在物理环境中与机器人身体一起工作，并与之建立因果关系。它们每个都有自己的身体在这种环境中的经验，并且应该能够建立自己内在的符号表征和意义体系。

这样的机器人如何独立地评估不断变化的情况？机器人的物理体验始于对环境传感器数据的感知。它们被存储在机器人的关系数据库中以形成其记忆。外部世界物体之间的关系形成因果网络，机器人以此为基础确定行动方向。在这种情况下，区分了事件、人、地方、情况和日常使用的对象，可能的场景和情况用一阶形式逻辑的命题来描述，如图 8.2 所示。

【举例】 如果一个活动属于"早餐"类型，那么像杯子这样的厨房用具会以某种方式摆放在桌子上，并盛满茶或咖啡，逻辑如下。

```
eventType(e,Breakfast)→∃s, c(partOf(s, e)∧location(c,Table,s)
                    ∧utensilType(c,Cup)∧(filledWith(c,Tea,s)
                    ∨filledWith (c,Coffee,s) ))
```

可能的事件取决于与具体情况下的条件概率相关的条件。如果谈论的是史蒂夫的早餐，那么他一定会用一个蓝色的杯子来煮咖啡，逻辑如下。

```
P(eventType(E1,Breakfast) | partOf(S1,E1)
∧location(BlueCup,Table,S1)
∧filledWith(BlueCup,Tea,S1)∧location(Steve,Table,S1)
∧usedBy(BlueCup,Steve,S1))
```

这种情况的概率分布用马尔可夫逻辑描述。

根据这个概率可以推断出对情况的估计，如果机器人要为某人准备早餐并在厨房里找菜，它就可以自己进行定位。

机器人可能动作的复杂因果网络可以从条件概率的贝叶斯网络中推导出来(见第 7.2 节)。这并不意味着人类家庭佣工在他们的行动中遵循贝叶斯网络。但通过这种逻辑、概率和感官物理交互作用的结合，实现了与人类相似的目标。

机器人控制体系结构是指通过模块间的联结来实现机器人的反应和动作的模块的排列。在一个面向符号的体系结构中，硬件的细节被抽象出来，认知被表示为符号处理。另一方面，基于行为的架构是基于对认知的以行动为中心的理解。身体与所有的身体细节、环境的位置和高度的适应性发挥着重要的作用。基于行为的控制确保机器人通过处理传感器感知到的刺激来快速响应环境变化。

通过符号处理，首先在环境模型中解释传感器输入。然后，确定执行器(如车轮、脚、腿、臂、手、夹持器)执行的动作计划，这个计划尽可能地比较不同的目标。基于行为的方法不需要顺序编程，相反，在一个活的有机体中，并行的过程必须协调。

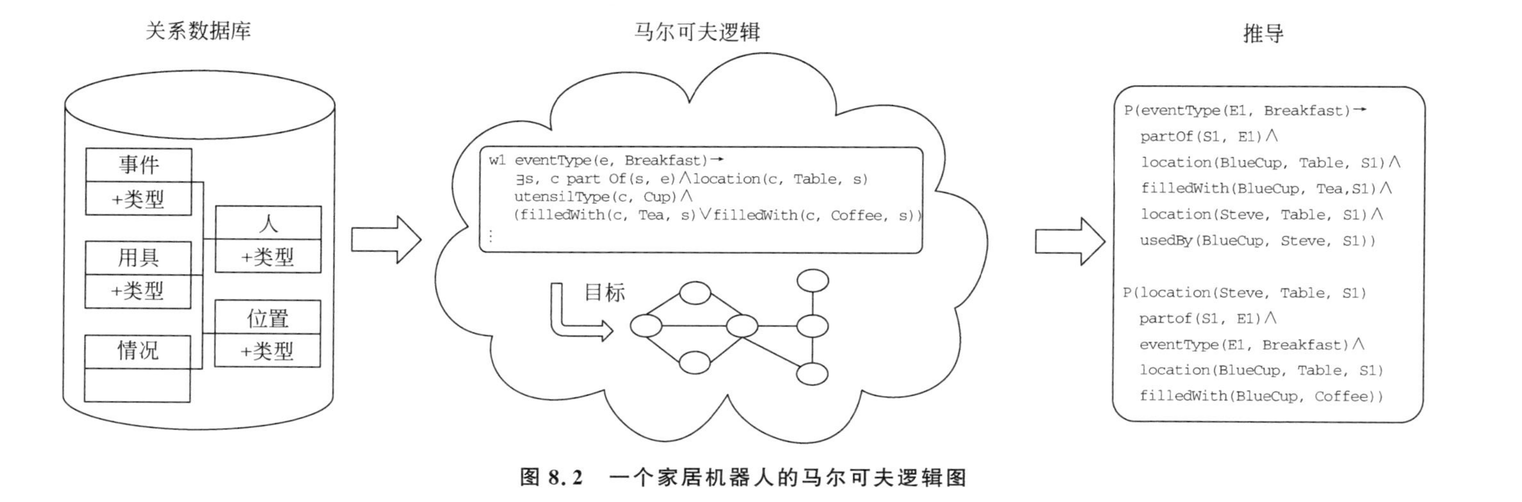

图 8.2　一个家居机器人的马尔可夫逻辑图

行为体系结构更多地出现在简单的移动机器人中，而面向符号的体系结构则是在认知系统中用符号知识表示实现的。像人类一样，类人机器人也应该同时具备这两种特性。

类人机器人是一种混合系统，具有符号化的知识表示和基于行为的动作，考虑到感觉运动的物理性和环境状况的变化。

混合动力系统采用分层控制：更高级别的复杂行为控制底层的一个或多个行为。因此，一个复杂行为是由一系列简单行为组成的。在自然界中，这种等级通常对应于生物在系统发育中的发展。

图 8.3 显示了一个具有感知、认知和行动模块的类人机器人的混合结构。认知分为许多子模块。因此，感官数据被解释和评估，以用于语言表征、概念和情景知识构建，并实现动作与传感器运动技能。在这种情况下，象征性和顺序性的行动计划是可能的，但也可以快速反应，在很大程度上不涉及符号认知实例。

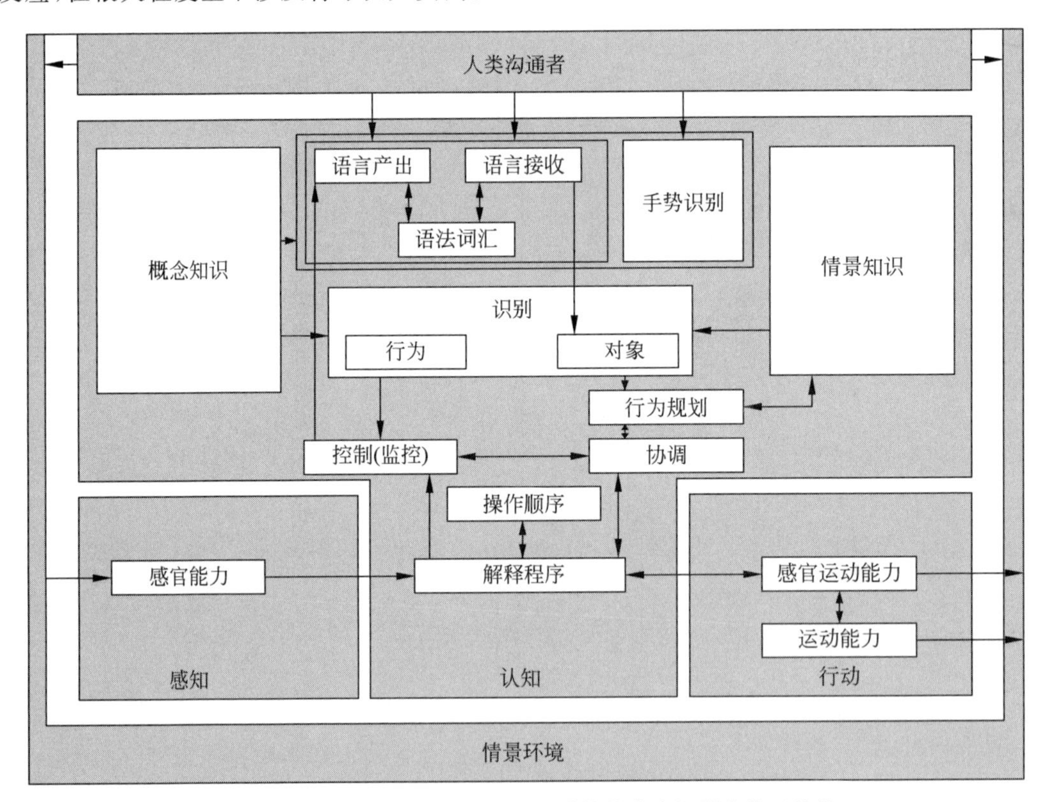

图 8.3　具有基于行为和符号认知模块的类人机器人体系结构

然而，只有当这些人造物不仅有一个能够被适应和适应其任务的身体，而且能够基本上自主地对情况做出反应，才能发展出类人智能和适应能力。由于像人类这样的生命有机体中的智力在人的生命过程中依赖性地发展和改变身体，因此一个具有高度灵活性执行器的能够成长的身体也将变得必要。这就需要与科学学科的合作，这些学科直到最近仍然对工程科学来说似乎完全没有意义：认知科学和大脑研究，系统生物学和合成生物学，纳米和材料科学。

8.3　机器人的群体智慧

在进化过程中，智能行为绝不局限于个体有机体。社会生物学认为群体是能够集体表现能力的超级有机体。相应的能力在个体有机体中往往没有完全的程序化，不能单独由它们来实现。一个例子是昆虫的群体智能，可以在白蚁结构和蚂蚁踪迹中看到。人类社会的外部信息存储和通信系统也在发展集体智能，这种智能只在他们的机构中表现出来。

在没有预先编程的情况下，也可以在简单机器人群体中观察到集体模式和集群结构。

【举例】　一个例子是简单的机器人，它们只被编程用来推动前面的小障碍物。如果推动过程中的摩擦力超过阈值，机器人车辆将转向另一个方向。

一个例子是昆虫般的小机器人，它们在一个光滑的表面上推动茶灯。如果一组这样的机器人遇到随机分布的数量相等的障碍物，它们将在一定时间后推动一系列障碍物。

机器人之间没有通信。模式的自组织完全基于集体交互的物理约束。因此，集群的增长概率随着规模的增加而增加，因为机器人在相互碰撞时会关闭，并将障碍物留在障碍物堆中。在这种情况下，集体仍然没有达到理性的智慧。

但是，如果一个机器人集体可以学习这种有用的行为（边做边学）并且在未来的情况下重复，那么就可以实现集体智能。

作为服务提供者，可以在道路交通中找到机器人群体的具体应用，无人驾驶运输系统或叉车可以独立地在特定的交通和秩序情况下交流它们的行为。越来越多的不同类型的机器人，如驾驶机器人和飞行机器人（可用于军事任务或空间探索）将相互作用。

麻省理工学院的布鲁克斯（R. A. Brooks）一般性地呼吁在机器人群体中建立基于人工社会智能的行为人工智能。在不断变化的情况下，社会互动和共同行动的协调是一种极其成功的智力形式，它是在进化过程中进化而来的。

即使是简单的机器人，比如简单的进化有机体，也能够产生集体成就。在管理学中，人们把社交智能视为一种软技能，这项技能现在也应该被机器人群体考虑在内。

这种机器人群体的第一个实验领域是不同种类的机器人足球。目前有四类比赛。在预定的类人机器人世界杯足球赛（HuroSot）级别中，仿人足球机器人只能用两条腿比赛，尺寸约为40cm。微型机器人世界杯足球赛（MiroSot）是一种轮子驱动的机器人，边缘长度约为7.5cm，其团队由中央控制计算机控制。纳米机器人杯足球锦标赛（NaroSot）系统的机器人要小一些。Khepera机器人足球锦标赛（KheperaSot）系统也与中央控制计算机一起工作。

【举例】　目前机器人团队的设备包括3个移动机器人系统：①中央控制计算机；②联结机器人的（无线）电信系统；③图像处理系统。

中央控制计算机根据运动场地传送的图像数据，计算出机器人下一步动作的博弈策略。

除了驱动机构、控制驱动机构的电路和传感器外，比赛机器人还有一台小型计算机，用于处理传感器数据和控制计算机的操作命令。

机器人的状况取决于它在运动场上的位置，是否拥有球，以及在比赛中执行动作时是否有障碍物。

机器人典型的编程行为模式是“驱动”到特定的位置，如果站立位置和目标之间的联系畅通无阻，则“射门”。要“拦截球”，必须从先前和当前位置计算球的路径，并确定拦截点。

当然，人类球员不进行复杂的几何力学计算，媒体上的足球明星很少有人能够做到这一点。无论如何，没有人能以这样的速度计算，并在球到脚下后做出如此迅速的反应。

这表明，具有数学模型和高计算强度的机器人的相同性能的解决方法与它们的生物学同类不同。与国际象棋运动员一样，重要的足球运动员也使用模式识别来处理比赛情况，他们根据自己的经验灵活地进行容错比较。在任何情况下，这些足球知识都不是以基于规则的方式存储的，而是以过程的方式提供的。与国际象棋运动员相比，足球运动员的运动行为模式也经过原型训练。通信系统与所有非技术形式的人类信息传输一起工作，其中肢体语言、手势和面部表情起着主导作用。

机器人足球是机器学习综合应用的一个例子(见第 7.2 节)。斯通(P. Stone)在这里谈到了“分层学习”，将要解决的任务分为若干层，以便通过适当的学习算法来解决这些层上各自的部分问题，如图 8.4 所示。这些算法的应用顺序不是严格的(例如从“顶部”到“底部”)，而是根据情况而定。

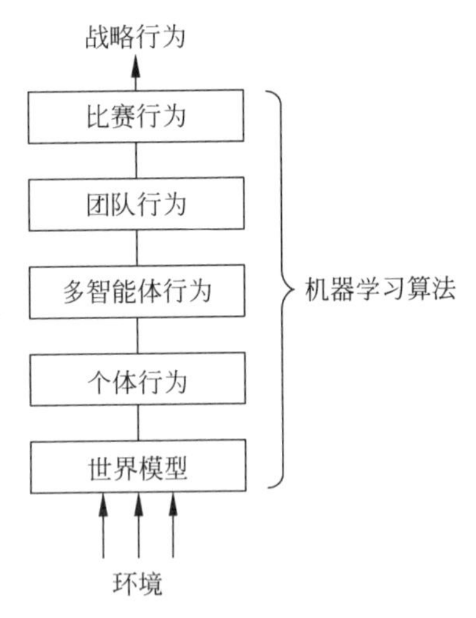

图 8.4　机器人足球选手的行为层次结构

此外，人类球员还受到诸如动机、精神力量和道德等心理因素的影响。同样地，情商也是必需的。人们在发挥失常的情况下，精神崩溃的同时也会变得非常沮丧。团队和社会行为对于理解人类的智力和表现至关重要。与商业和社会相比，体育行为只是一个不那么复杂且易于管理的实验领域。

【背景资料】 因此，公司也是有感情和意识的人的系统。在社会群体中，一方面，全局性的舆论趋势通过其交流成员的集体互动而产生。另一方面，全局性的趋势影响群体成员以及他们的微观行为，从而强化或减缓全局系统动态。这种系统微观和宏观动态之间的反馈循环促使公司产生学习效应，如反周期行为，以抵消有害趋势。生产和组织过程的数字模型也有助于实现这一目的。

参考文献

第9章 基础设施变得智能化

CHAPTER 9

9.1 物联网和大数据

国际互联网现在是人类文明的神经系统，到目前为止，互联网只是一个“愚蠢的”存储着符号和图像的数据库，它们的含义在用户脑海中浮现。为了应对数据的复杂性，网络必须学会独立地识别和理解意义。这已经通过语义网络实现了，语义网络具有可扩展的背景信息（本体、概念、关系、事实）和逻辑推理规则，以独立地补充不完备的知识并得出结论。例如，虽然直接输入的数据仅部分描述了人，但人依然可以被识别。这里再次明显地看到，语义学和意义的理解并不依赖于人类的意识。

有了脸书（Facebook）和推特（Twitter），我们正在进入数据集群的新维度。它们的信息和通信基础设施在数以百万计的用户中创建了社交网络，影响并改变了全世界。脸书在创建之初，是一个由大学组成的社交网络，社交和个人数据总是在线的。数据不仅仅是文本，还包括图像和声音文档。

复杂的模式和团簇是由局部活动节点在网络中创建的。如果人们受到网络邻居活动的影响，对新产品或创新的适应就可以在网络中级联传播，如图9.1所示。流行病（如结核病）的传播也是网络中级联模式的一种形式，如图9.2所示。

生物和社会模式之间的相似性导致了跨学科的研究问题。网络节点（无论是顾客还是病人）的局部活动和相互影响原则上可以用扩散反应方程来描述，它们的解对应于模式和团簇的形成。如果这些方程的参数空间已知，就可以系统地计算出可能的团簇形成。

自组织规程、应用程序和相关利益者实现了对新服务和集成解决方案的供应和需求。但是，虽然传统的互联网只支持全球计算机网络中人与人之间的交流，但传感器技术为未来开辟了新的可能性。通信的一个新领域：商品、产品和各种物品都可以配备传感器来交换信息和信号。

人的网络在向物联网转变：在物联网中，各种物理对象都配有传感器（如RFID芯片）来相互通信。这使得技术和社会系统（例如工厂、公司、组织）能够实现自动化和自组织。

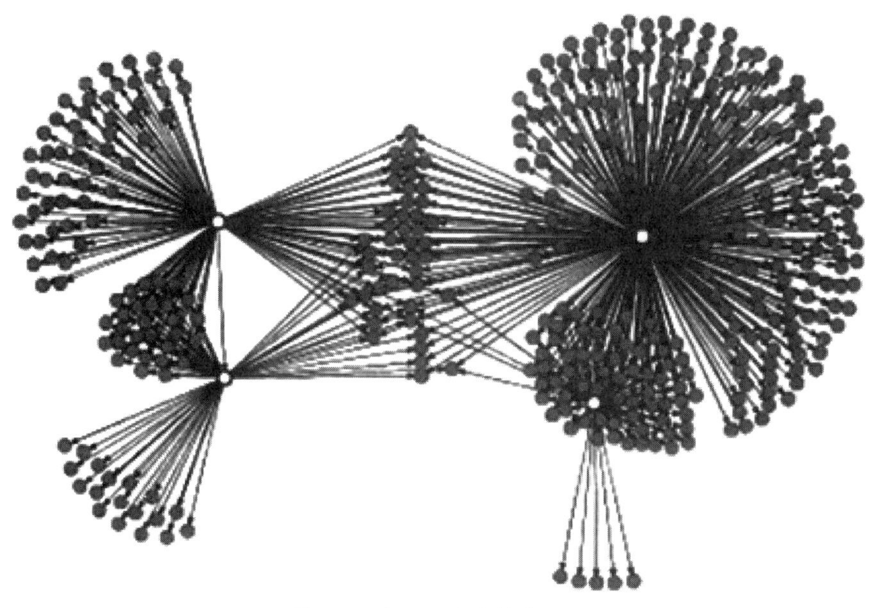

图 9.1　产品网络中的自组织

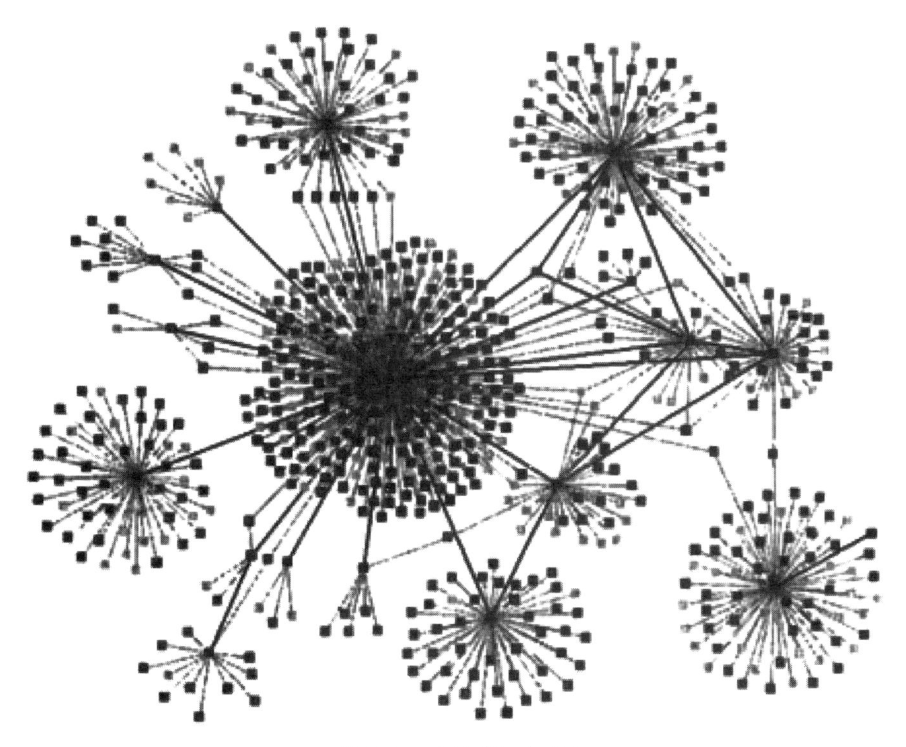

图 9.2　流行病的自组织

隐藏的RFID和传感器技术创造了物联网,使得万物之间可以相互通信,也可以与人交流。在服务互联网方面,在线商务或在线服务和媒体产业领域的产品和技术将得到全面拓展。

大数据是指在物联网上生成和处理的数据量,不仅记录了结构化数据(例如数字化文档、电子邮件),还记录了由物联网信号生成的传感器的非结构化数据。网络中服务和可能性的日益多样化和复杂性导致了指数级的数据爆炸。大数据以拍字节(10^{15}B)为单位。

根据目前的估计,在数字世界,全球数据量每两年翻一番。在“大数据”这一术语下,专家们总结了两个方面:一方面是不断增长的数据山脉,另一方面是信息技术解决方案和管理系统,科学机构和公司可以利用这些系统从数据中评估、分析和获取知识。围绕数据的收集、处理和使用而发展起来的行业中,谷歌、脸书和亚马逊等公司是其中最著名的代表。成千上万的其他公司依靠生成、链接和转售信息而蓬勃发展,这是一个巨大的市场。在日益复杂的情况下,大数据技术为管理层关注所耗费时间的决策提供了显著改善的基础。

大数据是指在可预见的将来其大小和复杂性(拍字节级范围)将是不可能的数据,这种不可能是以可管理的成本来收集、管理和处理数据所需要的经典的数据库和算法所造成的。需要整合三种趋势:①交易数据量(大交易数据)的大幅增长;②交互数据(大交互数据)爆炸式增长,例如社交媒体、传感器技术、地理信息系统、通话记录;③新的高度可扩展和分布式软件(大数据处理),例如Hadoop(Java)和MapReduce(谷歌)。

【举例】 MapReduce算法使用函数编程中的函数“map”和“reduce”,并通过并行计算处理大量数据。为了解释这个原理,考虑一个简化的例子:在一个扩展的数据集中确定单词出现的频率。首先,将整个文本分成数据包,再使用map函数并行计算各个子包中单词的频率。这些部分的结果被收集在中间结果列表中。最后使用reduce函数,合并中间结果列表并计算整个文本的频率。

Hadoop是用Java为使用MapReduce算法的分布式软件编写的框架。脸书、美国在线、IBM和雅虎公司都在使用它。信用卡公司Visa因此将730亿笔交易的评估处理时间从一个月缩短到大约13分钟。

大数据最初意味着海量数据:谷歌每天处理24拍字节(24PB)的数据,YouTube每月有8亿用户量,推特中每天有4亿条推文被发布。数据是模拟的和数字的,它们涉及书、图片、电子邮件、照片、电视和收音机,也包括来自传感器和导航系统的数据;它们是结构化和非结构化的,通常不精确,但大量存在。通过使用快速算法,数据应该转化为有用的信息,这意味着发现新的联系、相互关系,并得出未来的预测。

然而,预测不一定是基于使用传统统计方法的对代表性样本所进行的外推。大数据算法评估一个数据集中的所有数据,不管它们可能是多么庞大、多样和非结构化的。这种评估的新颖之处在于,不必知道数据记录的内容和含义,就可以获得信息。

这可以通过所谓的元数据来实现,意味着不需要知道某人在电话里说什么,但他们手机的移动模式是决定性的。移动电话用户的精确移动模式可以通过数据保持存储器在一定时间内确定,因为每次自动电子邮件查询和另一次使用都会打开本地无线电单元。在德国,大约有1.13亿个移动电话联结，其传感器和信号的功能类似于测量设备。

电子邮件中的数据是指内容的文本，元数据包括发件人、收件人和发送时间。在麻省理工学院媒体实验室的沉浸式项目中，从这些元数据中可以自动绘制出来图形。在麻省理工学院早期的一项实验中，100人的运动模式在45万小时的记录时间内被测定出来，这使得确定谁在某些地点与谁见面以及多久见面一次成为可能，地点分为工作场所、家庭和其他。根据相应的元数据模式，可以0.90的概率预测朋友关系。

然而通常情况下，只有知道正确的上下文，才能从元数据中得出预测。不过在今天，人们可以借助因特网上的数据库和背景资料了解这些含义。原则上，这种意义的发展就像一个语义网。一位美国生物信息学家的发现是惊人的，他仅使用元数据来确定一位人类遗传物质匿名捐赠者的名字，元数据与捐赠者的年龄和捐赠所在的美国州的名称有关。生物信息学家通过将地点和年龄结合起来限制了搜索，并使用了一个在线搜索引擎，家庭可以在其中输入遗传密码进行系谱研究。在这个过程中，被查找者的家庭成员出现了，她把他们的数据与人口统计表结合起来，以便最终找到他们要找的东西。

即使在医学领域，对信号的大量评估也会导致惊人的快速预测。因此，通过卫生部门的数据收集和统计评估，可以比通常情况下提前几周预测流感疫情的暴发。有人已经根据社交网络中数十亿的数据简单评估了人们的行为，即基于以往的经验表明了疫情暴发的显著相关性。

鉴于这些例子，谷歌的诺维格(P. Norvig)谈到“数据的不合理的有效性”时，提到了诺贝尔物理学奖得主维格纳(E. P. Wigner)，他强调了“数据的不合理的有效性”。然而，如果不知道原因，目前的医学也为大数据的有效性提供了反例。乔布斯(Jobs)是更高效、更智能的计算机技术的象征，却死于癌症，尽管他能借助金钱，使用当时所有的计算能力和大数据分析能力。当时DNA测序仍然需要大量的计算能力和金钱。乔布斯对他的癌细胞在短时间内进行测序，以便能够持续适应于适当的药物治疗。

【重点】 只要数据相关性的因果关系(例如癌症中的生化基本定律和细胞机制)不为人所知，也不为人所理解，那么大量的数据评估和相关性计算只能在有限的程度上起到帮助作用：“相关性不是因果关系!”

因此，作为数据科学的一部分，预测建模是大数据挖掘的核心目标。机器学习算法用于此目的，它们是在神经科学和人工智能研究中，通过模式形成和聚类，以人脑为基础建模的。但是，它们也基于统计和数据库方法，如图9.3所示。随着大数据的出现，一种不依赖于个体有机体、大脑或计算机的集体智能正在形成，它是物联网全球信息和通信网络的一部分。

玻尔兹曼机(Boltzmann Machine，BM)是具有随机学习算法的神经网络(G. Hinton，1980)，已经在第7.2节中讲过了。在物联网领域，如今实现了深度学习，例如通过在社交网络中为数百万产品和客户服务的推荐系统。

【举例】 有限玻尔兹曼机(Limited Boltzmann Machine，LBM)由两个具有随机单元的神经层组成，如图9.4所示。可见神经元v_i代表离散值在1和Q之间的推荐值。第q个值

v_i^q 以一定的概率被激活，这取决于输入。第 k 个隐藏神经元与第 i 个可见神经元的 q 值之间的联系用 w_{ki}^q 加权。

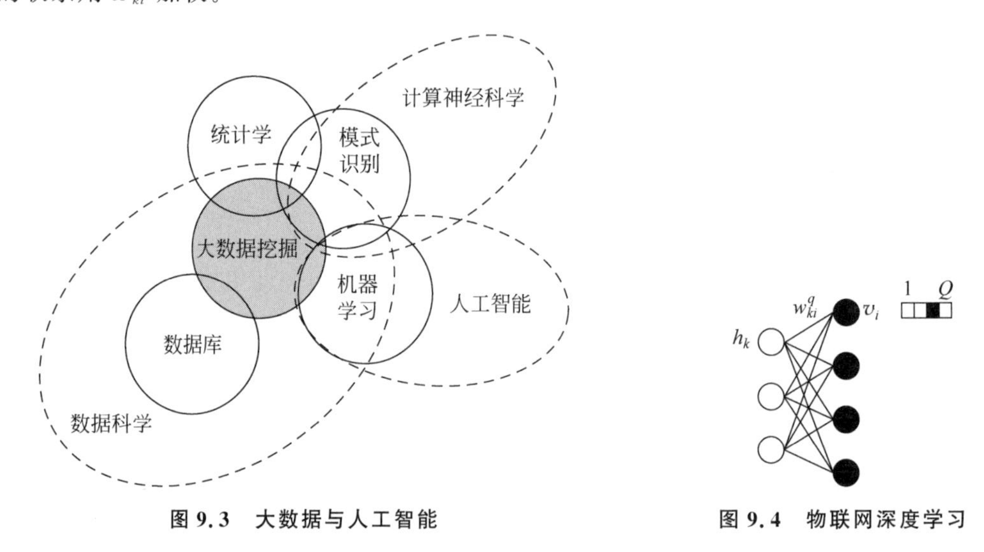

图 9.3 大数据与人工智能　　图 9.4 物联网深度学习

BBM 的权值是通过最大化可见单元（"推荐"）V 的概率 $p(V)$ 来学习的，它取决于"计算能量"$E(V, h)$ 在整个网络中的分布。网络像分子液体一样"冷却"到平衡状态，这与推荐相关。这种冷却的梯度下降对应于随机学习规则。

第 7.2 节描述了识别人脸的多层神经元网络。在 20 世纪 80 年代，那只是数学理论，当时的计算机和内存容量太小，无法从技术上实现这些学习算法。同时，大脑研究已经在实验上证明了这些模型至少接近现实。然而，在大数据时代，这些模型在技术上也变得可行，这里是指"深度学习"：向学习机器学习。

这个模型在数学上并不新鲜。与 20 世纪 80 年代的模型一样，深度学习中的神经网络被安排成使用越来越复杂的特征的层，例如识别一幅图像的内容。这样甚至可以将大量的数据分为不同的类别。在"谷歌大脑"（Mount View CA 2014）中，模拟了大约 100 万个神经元和 10 亿个化合物（突触）。大数据技术使具有多个中间步骤的神经网络成为可能，这在 20 世纪 80 年代仅仅是理论上可以想象的。

9.2 从自动驾驶车辆到智能交通系统

人们在 1969 年登上月球，所需的计算机功率比现在的笔记本电脑更少。它将很快再次启动，但要有一个智能且自主的机器人车辆，它的目标是阿波罗 17 号任务着陆点。这个项目名为"兼职科学家"，竞赛由谷歌宣布：谷歌月球 X 奖。德国汽车制造商奥迪也将参加，这款自动驾驶汽车将通过成熟的奥迪技术实现，即全轮驱动和轻量化结构、电动马达和自动驾驶的人工智能。

这个项目的奖金是3000万美元。然而,移动机器人必须被自费带到月球上,并在那里行驶500米。奥迪计划用一枚火箭将奥迪月球车quattro(如图9.5所示)送入太空。其他合作伙伴包括英伟达公司、柏林工业大学、奥地利空间论坛(Austrian Space Forum,OeWF)和德国航空航天中心(German Aerospace Center,DLR)。

图9.5 自主机器人移动式奥迪月球车quattro

这款自主车的最高时速为3.6千米/时,底盘配备了四个轮子的双叉杆,每个轮子都可以360°旋转。这种能量由驱动四个轮毂电机的太阳能电池提供。一块大约30平方厘米大小的旋转太阳能电池板捕捉太阳光并将其转换为电能。此外,还有一个锂电池,安装在底盘中。车辆的能量应该使其能够跑完竞赛所需的距离。当太阳照耀时,月球表面的温度上升到120℃。

在这种极端条件下,月球车主要由高强度铝制成。但目前它具有的35千克的重量仍然太大,无法飞上月球。通过使用镁材料并改变设计,它的重量将进一步减轻。重量减轻意味着月球舱的燃料更少,运载火箭的成本也更低。

然而,在这个竞赛中具有决定性的是机器人能够自己找到绕过障碍的方法。车辆前部的一个活动头部携带两个摄像头,可记录详细的三维图像。第三个摄像头用于检查材料,并提供极高分辨率的全景图。

由10名员工组成的小型项目团队将高素质汽车行业的能力与信息通信技术相结合。就像50年前,登月飞行将成为地球上未来技术的实验室。而在目前,则是智能车辆的自主生产。

汽车制造商福特也与硅谷合作,希望生产与3D打印和可穿戴设备相联结的自主汽车。在未来几年,驾驶员辅助系统将进一步发展成为自动驾驶车辆。早在20世纪90年代,尤里卡·普罗米修斯项目就在谈论(例如慕尼黑联邦国防军大学)未来的"智能汽车"和"智能道路"。所有车型都将配备预碰撞辅助系统,包括行人识别技术。最后,3D打印工艺将被用于采用轻质复合材料生产汽车,并将网络扩展到智能手表和其他可穿戴设备。

汽车自动转向起源于军事研究。自20世纪70年代以来,美国国防部高级研究计划局(Defence Advanced Research Projects Agency,DARPA)一直致力于自主军用车辆的研发。

根据美国国会的一项决定，到 2015 年，美国 1/3 的军用车辆应能在无人驾驶的情况下驾驶。谷歌很早就采用了民用自动驾驶汽车，目前正在推进普及。德国的大学，如布伦瑞克大学、柏林自由大学和慕尼黑工业大学的项目也值得一提。

谷歌已经获得了一项技术专利，并掌握了使用其原型机的几十万千米无事故的技术。谷歌汽车的核心部件是车顶上的 Velodyne HDL-64E 激光雷达传感器单元。通过旋转，该传感器生成环境的三维模型。激光脉冲用来测量距离和速度。高分辨率图像提供周围交通的实时图像。数据采集达到 1 拍字节每秒。自主车辆能够存储环境地图，并且可以使用进一步观察的数据来反复扩展该地图，如图 9.6 所示。

图 9.6 谷歌自主车环境图片

流动的车辆由前后保险杠上的无线电传感器检测。交通标志和交通信号灯是用摄像机记录的，这些图像由软件处理成控制单元的环境信息。车辆运动由轮胎上的传感器、全球定位系统(GPS)模块和惯性传感器来确定，以便实时计算车辆行驶路线和速度。与控制单元一起工作，可以避免出现危急情况。为了获得经验和改善道路网络的地图，谷歌工程师在允许车辆自主驾驶之前，在路线上行驶了许多次。随着行驶速度的提高，形势分析、决策和行为的挑战也越来越大。

在没有人工干预的情况下，不同情况下的自主反应是人工智能研究的一大挑战。决策算法可以在实际道路交通中得到最好的改进。类似地，人类驾驶员通过驾驶练习来提高自己的技能。谷歌的机器人汽车已经通过了图灵测试，因为记者无法区分其演示和人类驾驶的汽车之间的区别。从长远来看，人是最大的错误因素，他们是否愿意享受自动驾驶的乐趣还有待观察。

然而，错误因素也可能是公司高估了自己产品的性能。特斯拉应该知道，几年前，它的人工智能软件还不能清楚地区分移动车辆和背景。因此，这家公司的一辆部分自动驾驶汽车在一个十字路口撞上了一辆卡车，因为软件混淆了装载空间的大面积明亮区域和天空的背景，给人类乘客带来了致命的后果。具有有效基础研究的风险评估属于工程科学的技术、法律和伦理安全标准（见第 11.1 节和第 12.2 节）。

小结：①自行式机动车辆或机器人车是一种无须人工驾驶即可驾驶、控制和停车的车辆；②高度自动化驾驶介于辅助驾驶（驾驶员由辅助系统支持）和自动驾驶（车辆自动驾驶且不受驾驶员影响）之间；③至少在智能化程度很高的情况下，车辆可以很好地完成驾驶任务，与人一起工作。

9.3 从网络物理系统到智能基础设施

经典计算机系统的特点是物理世界和虚拟世界严格分离。机电一体化控制系统，如安装在现代车辆和飞机上的、由大量传感器和执行器组成的控制系统，则不再符合这一定义。这些系统识别其物理环境，处理这些信息，并以协调的方式影响物理环境。机电系统发展的下一步是“赛博物理系统”（Cyber Physical System，CPS），它不仅具有物理应用模型和计算机控制模型的强耦合性，而且还嵌入工作和日常环境，例如集成智能电源系统。通过在系统环境中的网络化嵌入，CPS 超越了孤立的机电系统。

CPS 由许多网络化的组件组成，它们相互独立地为一个共同的任务进行协调。它们不仅仅是普适计算中许多不同智能小型设备的总和，因为它们实现了许多智能子系统的完整系统，这些子系统具有针对特定目标和任务的集成功能，例如高效电源。这将智能功能从单个子系统扩展到整个系统的外部环境。与互联网一样，CPS 成为一个集体的社会系统，除了信息流外，还整合了能量、物质和代谢流，例如机电系统和生物体。

历史上，CPS 研究起源于“嵌入式系统”和机电一体化领域。信息和通信系统在工作和日常环境中的嵌入导致了新的性能要求，如容错性、可靠性、故障和访问安全性，同时实现实时性。然而，在嵌入相应的控制过程时，弱点变得越来越明显。例如这样的自动交通系统，它们是为了避免拥挤，并以经济和生态上有效的解决方案来协调个人旅行时间 。同样困难的是通过太阳能电池或风力涡轮机等再生能源转换系统来供应电池驱动的电动汽车。还包括可再生能源，即作为供应网络的一种足够可靠和成本效益高的替代能源或储备能源。

在这些日益复杂的应用中，要求系统控制和系统结构的高适应性、动态过程行为、快速克服或修复故障、扩展和扩大系统。实现这些要求的主要障碍是试图集中控制整个系统。但对全局信息的评估就花费了太长时间，以至于无法启动适当的控制措施。例如，大型运输系统是高度动态的，即使每两分钟发送一次交通堵塞信息，也无法快速评估这些信息以适应交通状况，因此卡车上的导航仪器要计算它们各自的备选路线。然而，由于所有设备使用相同的统计算法，所有车辆都被转移到同一条路线上以避免交通堵塞，从而增加了混乱。

因此，CPS 的目标是使控制过程和信息流适应其应用的物理过程，就像进化在有机体和种群的发展中取得了进展。自上而下的软件结构，是强加给物理进程的“从上面”，并不是一个有效的解决方案。分布式控制、分层控制结构的自底向上管理、高度自治的软件过程和智能体的分布式学习策略是基准。

【举例】 智能电网就是一个例子,除了传统的电力传输外,智能电网还允许数据通信,以满足高度复杂的网络运行要求。这一趋势是朝着如因特网一样的全球和跨国网络结构发展,其中包括利用化石一次能源发电的热电厂,以及可再生能源与光伏发电厂、风力发电厂和沼气发电厂。住宅或办公楼等消费者也可以是拥有光伏系统、沼气或燃料电池的当地发电商,为自己或其环境提供能源。这些住宅区执行当地活动的原则,即从国内能源输入电网环境,并有助于全球分配模式。

具有集成通信系统的智能电网因此实现了动态调节的能源供应,它们是根据网络物理系统原理开发大型复杂实时系统的一个例子。传统上,用于补偿短期负荷峰值或电压降低的储备能源由大型发电厂集中持有。智能、灵活、按需分配电网总能量至关重要。转换为可再生能源的主要问题在于大量的约束条件,这些约束与功能操作、安全性、可靠性、时间可用性、容错性和适应性有关。

因此,具有分散和自下而上结构的网络物理系统是供应和通信系统日益复杂的答案。这里的核心是数据流的组织,这些数据流控制着生物体神经系统中的能量供应。在信息技术领域,当数据不再存储在家庭计算机中,而是存储在网络中时,使用术语“云”,云就是大数据的虚拟网络存储。网络本身最终是一个通用图灵机,其中记录了许多计算机的数据处理。

根据丘奇论题,如果有效的数据处理在数学上等同于图灵机,那么可以通过各种方式实现有效的数据处理。从细胞自动机到神经网络和因特网,网络结构在本质和技术上都是如此建立的;在这种结构中,复杂系统的元素按照局部规则相互作用。局部活跃的细胞、神经元、晶体管和网络节点产生复杂的模式和结构,这些模式和结构与系统的集体性能相联系,从生物体的生命功能到大脑的认知性能和群体智能,再到能源系统等技术基础设施的组织。为了掌握这些系统的可计算性,需要了解网络的数学知识。

联网的第一个实际挑战是现有基础设施的数字化。从历史上看,如今存在的基础设施是作为完整的系统单独创建和不协调的,其中包括交通、能源、卫生、行政和教育。物联网带来了智能家居、智能生产、智慧城市、智慧区域等应用领域的交叉。以前独立领域的智能网络使新的效率和增长潜力成为可能。然而,技术、经济、法律、监管、政治和社会融合的新任务也正在出现。

智能网络和服务是通过联结经典基础设施和补充性的人工智能,即自主操作和控制功能和组件来创建的。因此,基础设施和网络的智能化是一种能力,它在一个领域(例如卫生和交通)内“垂直”出现,在各个领域“水平”出现,如图 9.7 所示。

图 9.7 将供应基础设施分为了运输、能源、卫生、教育、行政,以及信息和通信技术(information and communication technology,ICT)六个领域。ICT 领域在其联结功能方面,是跨领域服务出现的基本先决条件,例如将运输和能源供应或卫生与教育和信息系统联系起来。由于网络物理系统将数字和模拟功能(例如带有传感器的程序和智能汽车)联结起来,它们将作为数字和模拟世界接口的节点在智能网络中发挥作用。

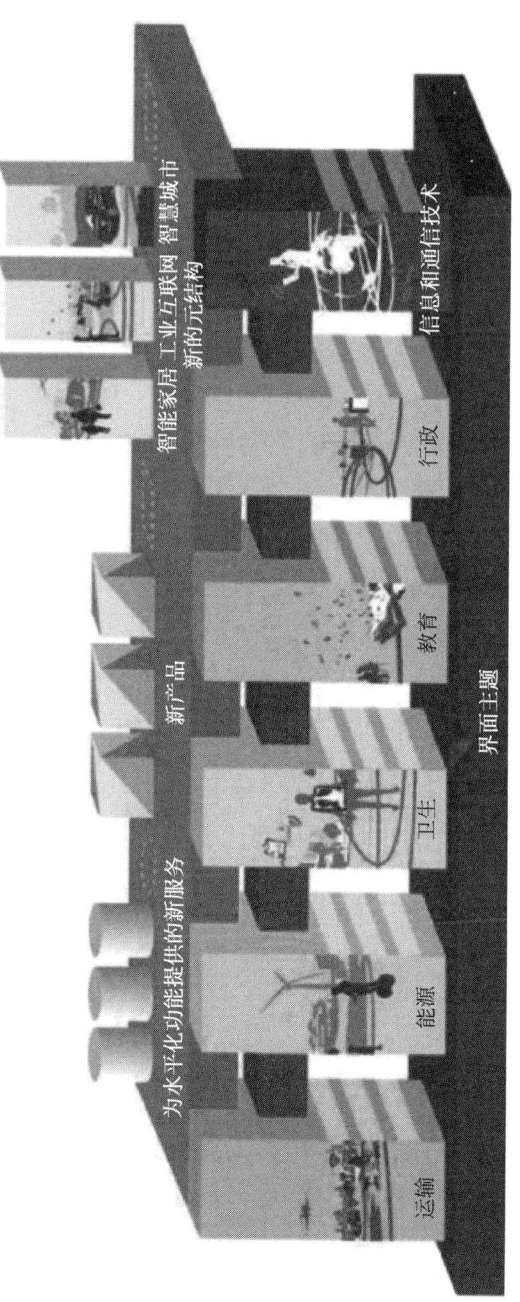

图 9.7　智能网络供电基础设施数字化

9.4 工业4.0和未来的劳动力世界

大数据与日常生活中的社交网络和工业4.0密切相关，这是劳动力世界的趋势。非结构化数据不仅来自公司的音频和视频，还来自于企业。

工业4.0暗指工业化的前几个阶段。工业1.0是蒸汽机的时代。工业2.0是亨利福特的装配线，装配线只不过是工作过程的算法化，通过分工和人的使用，按照固定的程序一步一步地实现产品。在工业3.0中，工业机器人介入生产过程，但是它们是固定在本地的，并且总是为特定的子任务执行相同的程序。在工业4.0中，工作过程被集成到物联网中，工件之间相互沟通，有运输设施和人员参与，以便灵活地组织工作过程。

在工业4.0中，可以根据客户要求在所需时间单独创建产品。技术、生产和市场融合为一个社会-技术系统，它能灵活地自我组织并自动适应不断变化的条件。这是工业用网络物理系统的愿景。为此，机器和传感器数据必须通过文本文档进行联结、捕获、传输、分析和通信。用于此目的的大数据技术旨在实现更快的业务流程，因此人们希望能够更快、更好地做出决策。

然而，工业4.0并不是一个全新的技术推动，而是通过各种智能解决问题的步骤来准备的，如下例。

【举例】 第一个例子是计算机辅助设计(computer-aided design，CAD)。CAD应用程序由人工智能以专家系统的形式提供支持。也可以导入生产对象的三维虚拟模型，而不是二维图形，以用于构造目的。与各自的材料特性一起，CAD计算机模型支持从机械和电气工程到土木工程和建筑的所有技术应用的设计和生产。

另一个例子是数控机床(computerized numerical control，CNC)。这些机床不再是机械控制，而是通过程序进行电子控制。从产品设计的CAD程序中读取数据到CNC程序中，以控制材料的生产。同时，在制造过程中，质量控制和刀具磨损监测都可以完全自动化。

应该阐述工业4.0之前工业化阶段的发展：历史上，车床是在前工业时代由木工和木匠用来加工工件(例如椅子和桌子的腿)的。在工业化时代，它们变成了金属加工车床，其中工件(例如齿轮、轴)的生产依赖于车床操作员的技能。数控车床具有计算机数控，如图9.8所示。计算机辅助加工信息被读入控制器的存储器中，以便一次又一次地用于加工。控制数据以数字形式输入，即以数字代码形式输入，并在生产过程中反复核对。

数控机床的基础是数控编程。直接在机器上编程、使用笔记本电脑编程或通过相应的网络编程是有区别的，如以下定义。

【定义】 CNC程序中最重要的地址(字母)有：

T：调用相应的工具，例如B. T0101或T01，T=工具；

S：主轴转速的选择，二到六位数，例如B. S800，S=速度；

M：所谓的模态函数，一到三位数，取决于制造商，例如B. M08冷却液供应，M=模态；

G：位移指令，一到三位数，取决于制造商，例如B. G00快速移动时的直刀移动，G=

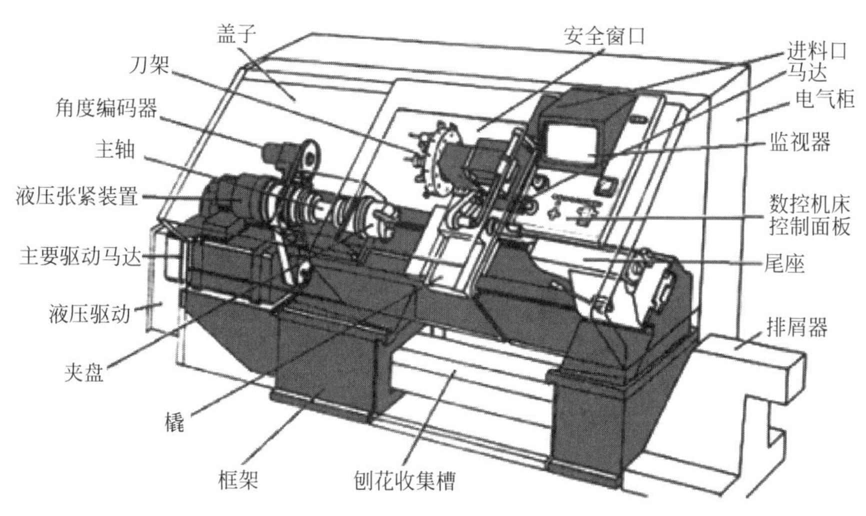

图 9.8 数控车床的功能部件

行进；

X、Y、Z、U、V、W、I、J、K、C 是所用器具移动的坐标。

还有长度、角度和其他附加功能的参数。

数控模块由具有不同含义的数字 0～9 组成。地址必须总是放在块之前，因为控制器不能单独识别块。

CNC 程序行示例：G01 X135.5 Z7.2 F0.05 A150。

这些语句的含义为：G01 是操作工具箱直行；X135.5 是转到绝对坐标 Z7.2；F0.05 是进给速度为 0.05mm/r；A150 是角度为 30 度的。

地址和记录被合并成一行，其中发送给控制器的所有命令都由机器独立处理。这些行必须以命令字符(例如 B)结尾，否则控制器将无法识别行的结尾。

作为工业 4.0 的一部分，CNC 机器相互联网，通过射频识别芯片与工件进行通信，并独立进行测量。给料机和消除系统也实现了自动化。社交和认知机器人在工作场所的应用如今也是可以想象的。这进一步减轻了操作人员的负担，提高了生产率，但是需要合格的人员来调整和设置机器。

工业 4.0 使新的面向客户的生产成为可能：按需生产或定制生产。过去，只有少数人能买得起为自己量身定做的西装。在工业 4.0 中，按需生产是根据独特和个性化的客户设计进行的。独特和个性化的生产过程本身就可以组织起来。还注意到能源系统中分散和个别供应的趋势。因此，在这条道路上，正经历着从属于亨利·福特的大规模和标准化生产中离开——从工业到营养品，再到个性化药物。

目前所说的全球联网设备市场约有 140 亿台，其中 1/3 在美国。2020 年联网设备的数量翻番，原因之一是传感器技术和计算能力的指数级发展。

根据摩尔定律，计算机的计算能力大约每 18 个月翻一番，同时设备的体积减小、价格降低。

【重点】 信息通信技术世界因此受到指数增长规律的驱动：指数级增长的计算能力（摩尔定律）、传感器数量呈指数级增长、指数级增长的数据数量等。

企业必须调整企业结构，成为智能化的问题解决者：ICT技术正越来越多地将传统的材料生产转移到应用程序和软件模块上，例如相机成为智能手机中的应用程序。谷歌，一个指数级增长的信息技术公司的典型例子，已经在制造自主电动汽车。柯达作为相机设备的大规模生产商，已经基本上从市场上消失了，因为每个人的智能手机中都有微型应用程序和具有传感器的摄像头功能。如果这一策略应用于汽车工业，廉价的3D打印机很快就能生产出汽车的材料构件，会发生什么？那么，它只取决于那些必须输入这些3D打印机的数据以及那些能够处理这些数据的人。

IT公司正在到处闯入其他领域。然而，IT公司也必须适应。就像大规模和标准化制造那样，像微软这样的IT巨头迄今为止已经生产出了工业2.0风格的软件。在工业4.0的世界里，软件公司必须满足个人愿望和公司客户的需求。企业将不再能够制定大规模的标准，而是将转变为咨询公司，它们必须开发单独的工具，并与客户定制IT基础设施。这也适用于能源公司，他们越来越关注分散的市场，并依赖个人建议来找到正确的解决方案。这导致了新的商业模式，如购买和建造。信任只能通过自主性和个性化来建立，这是实现智能公司的必要配套措施。

人在哪里？人的信任对于工业互联网和智能自动化的成功至关重要。因为同样存在质疑。原因就在于云技术：如果一个中型企业家用其商业模式赚了不少钱，那么他们会很小心。由于工业间谍的活动，他们不会把相应的数据放在云端。以前的安全技术是工业4.0的致命弱点。因此，在这种情况下，必须找到单独的解决办法。需要仔细考虑将哪些数据放入云中，以使员工和客户能够有效地访问数据。特别敏感的公司数据不属于云。在给定的情况下，工业3.1或3.3也是单独的良好解决方案，这取决于各自的公司概况。

数据安全问题也来自于员工的观点：自动化是可能的，因为许多传感器、摄像机、光电传感器等永久记录了大量数据。谁有权访问这些数据、它存储在哪里、为谁保存多长时间？

毕竟，这关系到劳动力市场本身。工业自动化不会导致失业吗？人工智能的出现是对人类的威胁吗？智能工厂的发展将主要提高行业的效益，它将导致日常工作和机械工作的消失，包括体力和脑力。然而，这并不是什么新鲜事，这种情况自19世纪以来一直伴随着工业化进程。为此人们将创造新的就业机会。客户服务在这里尤为重要，因为与客户沟通和商业模式的发展不仅需要广泛的商业和管理知识，还需要灵活、经验丰富和处理客户的心理。在机电一体化和机器人领域也需要有专业人士。

因此，AI支持的自动化不会造成失业率上升，但会降低生产成本，从而促进劳动力市场为广大合格员工服务。这将使一个具有适当资格的国家能够在低工资国家恢复生产。德国已经高度自动化，失业率明显低于其他欧洲国家。这些国家的失业还有其他原因，与劳动力市场改革不足有关。工业自动化不仅需要有大学学位的高素质工程师，还需要其他机器，将持续需要人们在各个领域的专门知识。

在发动机和工厂中，工程师必须接受机械工程、电子和信息技术方面的培训。传统上，这些都是来自其他领域的训练。工程师们将以不同专业的团队来解决复杂的工业 4.0 网络问题。跨学科合作技能正成为一项不可或缺的培训要求。

在金属加工行业，将继续需要作为网络 CNC 的专家的“车床操作员”。在这个过程中，需求会发生变化。在许多领域，创新周期已经短于培训周期，因此未来必须考虑实际上是在为什么培训人员。如果今天教某人某种计算机程序，到他们开始使用时，它就已经过时了。这就是为什么需要培养人们熟悉新的工作流程和适应新形势的能力。未来，一部分员工将始终参加培训课程，为新流程做好准备。这将是一个绝对的规范：自动化和智能化企业需要终身学习！

参考文献

第10章 从自然智能和人工智能到超级智能

CHAPTER 10

10.1 神经形态计算机和人工智能

经典的AI研究是基于程序控制计算机的功能，根据丘奇论题，计算机在原则上等同于图灵机。根据摩尔定律，巨大的计算能力和存储容量已经成为现实，但是这只能使超级计算机沃森(WATSON)等AI服务成为可能(见第5.2节)。超级计算机消耗的电能在价格上等同于一个小城镇所需能源的价格。更令人印象深刻的是，人类大脑要完成沃森的功能(例如会说且理解一种自然语言)所需的能量仅仅和一盏白炽灯接近。在这种情况下，人们对进化过程中进化形成的神经形态系统的高效率印象深刻。在这些进化系统的基础上，是否有一个共同的原则可以在AI中应用?

生物分子、细胞、器官、生物体和种群是一个高度复杂的动态系统，其中许多元素相互作用。复杂性研究涉及物理学、化学、生物学和生态学的交叉学科，研究如何通过复杂动态系统的许多元素(例如材料中的原子、细胞中的生物分子、生物体中的细胞、种群中的有机体)的相互作用产生秩序和结构以及混沌和衰变。

一般来说，在动态系统中，状态的时间变化是用方程来描述的。根据经典物理定律，单个天体的运动状态可以被精确地计算和预测。对于细胞状态所依赖的数以百万计、数十亿计的分子来说，有必要借助高性能计算机来提供模拟模型的近似值。值得注意的是，复杂动态系统在物理、化学、生物或者生态系统中都遵循相似的数学规律。

复杂动态系统的基本思想始终是相同的：只有多个元素的复杂相互作用才能产生整个系统的新特性，而这些特性又不能追溯到单个元素。因此，单个的水分子不是“潮湿的”，但是由许多这样的元素相互作用而形成的液体却是；单个分子不是“活”的，但一个细胞却由于它们的分子相互作用而是“活”的。在系统生物学中，许多单个分子的复杂化学反应使人体内整个蛋白质系统和细胞的代谢功能和调节任务得以实现。因此，在复杂的动态系统中，将单个元素的微观层次和整个系统属性的宏观层次区分开。这种新系统特性的出现或自组织在系统生物学中变得可计算，并且可以在计算机模型中进行模拟。从这个意义上说，系统生物学是生命复杂性的关键因素。

一般来说,设想一个由相同元素("细胞")组成的空间系统,它们可以以不同的方式(例如物理的、化学的或生物的)相互作用,如图10.1所示。如果这样的系统能够从均匀初始条件中生成非均匀的("复杂")模式和结构,则称为复杂系统。这种格局和结构的形成是由其元素的局部活动所触发的。这不仅适用于胚胎生长期间的干细胞,也适用于电子网络中的晶体管。

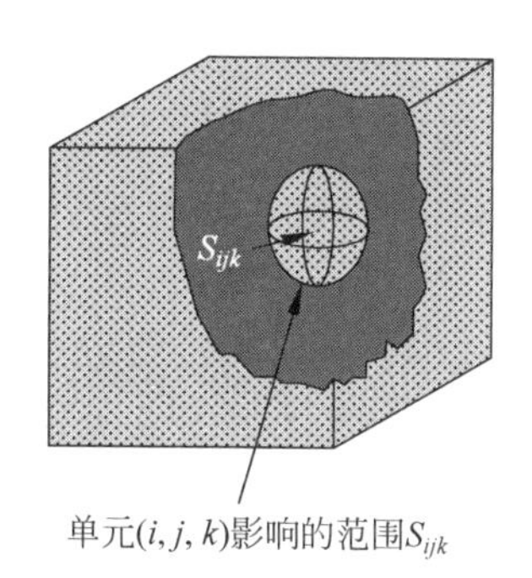

图10.1 具有局部活动单元和局部影响范围的复杂单元系统

当一个晶体管能将来源于一个电池能量的较小输入信号放大为较大的输出信号,从而在开关网络中产生非均匀("复杂")的电压模式时,称晶体管为局部活跃的。

没有诸如这些单元在局部的活动,任何收音机、电视或计算机都无法工作。一些重要的研究人员,如化学诺贝尔奖获得者普利高津(I. Prigogine)和物理学诺贝尔奖获得者薛定谔(E. Schrödinger)就认为非线性系统和能量源足以形成结构和模式。然而,晶体管的例子已经表明,如果电池和非线性开关元件在上述放大器功能的意义上不是局部活跃的,那么单独的电池和非线性开关元件就不能产生复杂的模式。

局部活动原则对复杂系统的模式形成具有根本重要性,尽管尚未得到广泛认可。它可以从数学上进行一般的定义,而不必依赖物理、化学、生物学或技术上的特殊例子。这里是指反应扩散过程中已知的非线性微分方程,但绝不局限于化学扩散中的液体介质。可以清楚地想象一个空间晶格,其晶格点被局部相互作用的单元占据,如图10.1所示。每个单元(例如细胞中的蛋白质、大脑中的神经元、计算机中的晶体管)在数学上都是一个有输入和输出的动态系统。一个单元的状态根据相邻单元状态分布的动态规律而局部演变。综上所述,动力学规律是由孤立单元的状态方程及其耦合律定义的,此外,动力学还必须考虑初始条件和辅助条件。

一般来说,如果一个小区域的平衡点存在一个小的局部输入,而这个平衡点可以用外部电源放大到一个大的输出,那么这个小区域就称为局部有源。触发局部活动的输入的存在可以通过某些测试标准从数学上进行系统的测试。如果不具备局部活动的平衡点,则一个单元被称为局部被动的。有一个证明:没有局部活动元素的系统在原则上不会有复杂的结构,也不能够创建模式。

根据上述所描述的模式，通过反应扩散方程模拟应用领域，可以对自然界和技术中的结构形成进行系统分类。例如，多个学科的模式形成所对应的微分方程都可以被研究，包括化学的（例如均匀化学介质中的模式形成）、形态发生学的（例如动物学中贝壳、毛皮和羽毛的形成）、大脑研究的（例如大脑中的电路模式）和电子网络技术的（例如计算机中的电路模式）。

在统计热力学中，行为是由复杂系统中许多元素（例如分子）间的相互作用决定的。玻尔兹曼热力学第二定律就指出，如果将一个对象放在一个孤立的系统中，所有的结构、模式和阶数都会衰变。因此，所有的分子结构都溶解在气体中，热量在一个封闭的空间中均匀且一致地分布。如果没有与环境进行质量和能量交换，生物体就会解体并死亡。但是，如何才能创造秩序、结构和模式呢？

局部活动原理解释了在一个开放系统中，秩序和结构是如何通过与系统环境的耗散相互作用或质量与能量交换而产生的，它补充了热力学第二定律和第三定律。

结构构造在数学上对应于所考虑的微分方程的非均匀（齐次）解，它依赖于不同的控制参数（例如化学浓度、细胞中的 ATP 能量、神经元的神经化学信使）。对于所考虑的微分方程的例子，可以系统地定义参数空间，它的点代表各自系统的所有可能的控制参数值。在这些参数空间中，可以精确地确定局部活动区域和局部被动区域，这些区域或使结构形成或在数学上“死亡”。原则上，计算机模拟可用于生成参数空间中每个点的可能结构和模式形成，如图 10.2 所示，在这个数学模型中，可以完全确定和预测结构和模式形成。

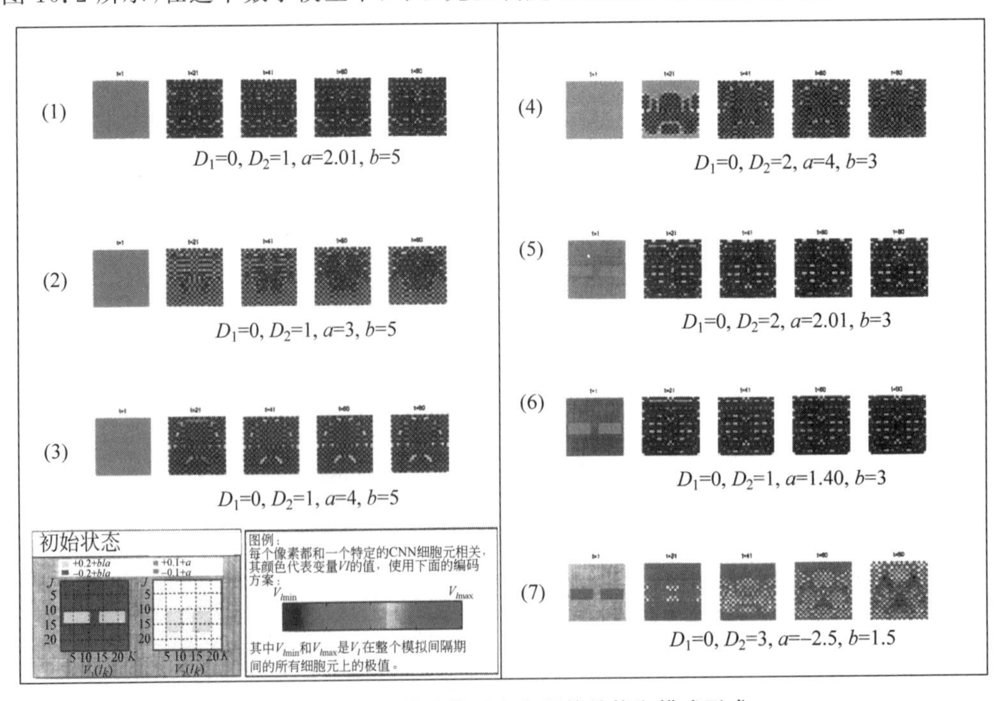

图 10.2　非线性扩散反应方程的结构和模式形成

【背景资料】 局部活动的一个全新应用是“混沌的边缘”，这里出现了最复杂的结构。原本稳定（“死亡”）和孤立的细胞可以通过耗散耦合、触发模式和结构形成而“复活”。它们在稳定区的边缘“休息”，直到通过耗散耦合变得活跃。可以想象：孤立的化学物质在炽热的火山口边缘的黑暗深海中休息。原始“死亡”元素的耗散相互作用导致新生命形式的形成，然而作为化学物质，它们必须携带由耗散耦合所触发的局部活动的潜力。

这是不寻常的，因为它似乎与对“扩散”的直观理解相矛盾：根据定义，“耗散”意味着，例如气体在一个空间中的均匀分布。然而，不仅是不稳定单元，稳定单元也能通过耗散耦合触发复杂（不均匀）结构和模式的形成。对于非线性反应和扩散方程，这点可以得到精确的证明。在这些方程的参数空间中，“混沌边缘”可以标记为局部活动区域的一部分。

即使是人脑，它也是一个复杂动态系统的例子，在这个系统中数十亿个神经元以神经化学的方式相互作用。复杂的转换模式是由多个电脉冲产生的，这些电脉冲与思维、感觉、感知或行为等认知状态有关。这些精神状态的出现再次成为复杂系统自组织的典型例子：单个神经元是准“愚蠢”的，既不能思考，也没有感情，也不能感知。只有在适当条件下，它们的集体相互作用和相互联系才能产生认知状态。

神经元之间的神经化学网络动力学发生在构成大脑的神经网络中。化学信使通过具有高度可塑性的直接和间接传递机制引起神经元状态的改变。不同的网络状态储存在细胞交换模式（细胞组合）的突触联结中。就像在复杂的动态系统中一样，也在大脑中区分元素的微观状态（即当神经元放电和静止时，“启动”和“非激活”的数字状态）和模式形成的宏观状态（即神经元网络中共同激活的神经元的模式转换）。计算机可视化（例如 PET 图像）表明，不同的宏观电路模式与不同的心理和认知状态相关，例如感知、思考、感情和意识。从这个意义上说，认知和精神状态可以描述为神经-大脑活动的涌现特性：单个神经元既不能看到和感觉，也不能思考，而联结到这些有机体传感器的大脑却可以。

因此，目前的计算机模拟观察到大脑中的模式形成，将其归因于非线性系统动力学、神经元的局部活动以及它们触发的动作电位。它们与心理和认知状态的相关性是根据心理学的观察和测量揭示出来的：每当人们看到或说这个或那个时，大脑中就可以观察到模式的形成。在大脑阅读中，个体模式现在可以被确定到这样一种程度，即相应的视觉和听觉感知可以通过适当的算法从这些电路模式中解码出来，不过这项技术还处于初级阶段。

在自上而下的策略下，神经心理学和认知科学正在研究诸如感知、思考、感情和意识等心理和认知能力，并试图将它们与相应的大脑区域及其相互联系模式关联起来。在自下而上的策略中，神经化学和大脑研究调查了大脑动力学的分子和细胞过程，并解释了神经元和大脑的互联模式，这些模式反过来又与心理和认知状态相关。

这两种方法都启发我们将之与计算机进行比较。在自下而上的策略中，人类的高级用户语言的含义来自晶体管等元件内的比特状态的“机器语言”；而在自上而下的策略中则相反，高级用户语言通过各种中间阶段（例如编译器和解释器）翻译成机器语言。当然，在计算机科学中，从机器语言、编译器、解释器等相互联结的层面到用户层面，各个技术层面和语言层面都可以被精确地识别出来，但对大脑与认知的认识至今还只是一个研究项目。

到目前为止,只对大脑和神经突触的形成进行了深入的研究,认知和“机器语言”之间的桥梁(中间件)尚未重建,这将需要更多详细的实证研究。目前还不清楚是否可以像在计算机设计中那样精确地区分各个层次水平,显然大脑动力学的结构证明要复杂得多。此外,大脑的发展并不是基于一个计划的设计,而是基于大量的进化算法,这些算法在数百万年的不同条件下或多或少地随机发展,并且以一种复杂的方式相互联系。

在复杂性研究中,神经元之间的突触相互作用可以用耦合微分方程来描述。霍奇金-赫胥黎(Hodgkin-Huxley,HH)方程是非线性反应扩散方程的一个例子,可以用来模拟神经脉冲的传递。这些方程由诺贝尔医学奖获得者霍奇金和赫胥黎(A. L. Hodgkin 和 A. F. Huxley)通过经验测量得出,并提供了一个经实证证实了的神经元脑动力学数学模型。

【举例】 在图 10.3(a)中神经元的信息通道(轴突)由图 10.3(b)中被扩散化合物所耦合的一系列相同的霍奇金-赫胥黎(HH)单元所组成的链表示。这些耦合在技术上用无源电阻器表示。HH 单元对应于图 10.3(c)中一种电子技术的互联模型:在生物神经细胞中,钾和钠离子电流改变细胞膜上的电压。在电子技术学模型中,钠离子和钾离子电流同时被外部轴突膜电流触发并流出。离子通道在技术上是由类似晶体管的放大器实现的,它们联结到一个钠离子和钾离子电池电压、一个薄膜电容器电压和一个电压放电。通过这种方式,可以根据局部活动的原则加强输入流,以便在超过阈值时产生采取行动电压(“激发”)。这些动作电位触发连锁反应,导致神经元的互联模式。

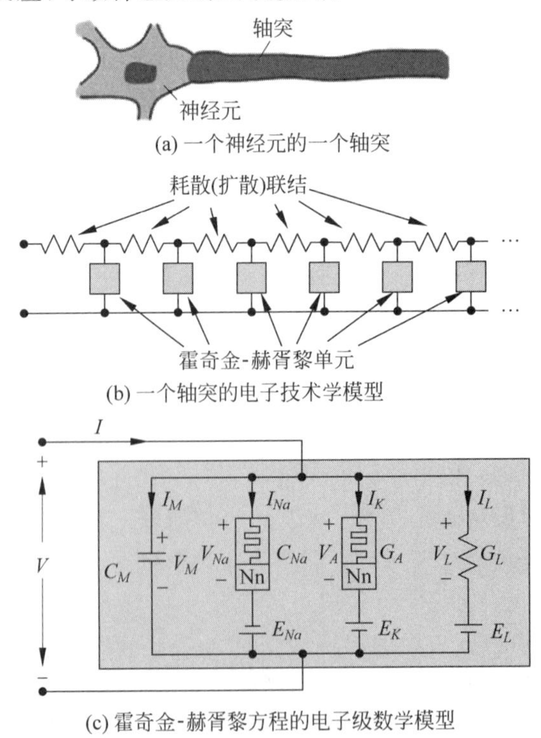

(a) 一个神经元的一个轴突

(b) 一个轴突的电子技术学模型

(c) 霍奇金-赫胥黎方程的电子级数学模型

图 10.3 霍奇金-赫胥黎模型

图 10.3(c)中的图例含义是：I：外轴突膜电流，E：膜电容器电压，I_{Na}：钠离子电流，E_{Na}：钠离子电池电压，I_K：钾离子电流，E_K：钾离子电池，I_L：漏电流，E_L：漏电池电压。

如前所述，这种微分方程可用于精确确定具有局部活跃和局部无源区域的动力系统的相应参数空间。在霍奇金-赫胥黎方程组中，得到了精确测量的局部活动区域和局部被动区域的大脑参数空间。触发大脑回路模式的神经元动作电位只能在局部活动区产生。计算机模拟可以用来系统地研究和预测不同参数点的电路模式。

这样就可以精确地确定“混沌边缘”的区域。它很小，小于 1 毫伏和 2 微安，这个区域与大量的局部活动和模式形成有关，可以在相应的参数空间中可视化，因此假设这是一个“创造力之岛”。

然而，对于电子技术学的实现，霍奇金-赫胥黎的原始方程被证明是错误的。内科医生霍奇金和赫胥黎解释了一些导致电子技术学上异常的开关元件。例如，他们假设一个依赖于时间的电导率(电导)来解释钾离子和钠离子通道的行为。事实上，这些时间变化只能从经验推导的方程中用数值计算，理论上不可能为时变开关元件明确定义相应的时间函数。

当离子通道被一个新的开关元件解释时，异常就会消失，蔡少棠(Leon Chua)早在 1971 年就已经用数学方法预测到了这点。这是指记忆电阻器(英文单词 memristor，来自表示存储器的“memory”和表示电阻器的“resistor”)。有了这个开关元件，电阻不是恒定的，而是取决于它的过去状态。记忆电阻器的实际电阻取决于流向哪个方向的电荷量，即使没有能量供应，电阻也能保持。这一认识有着巨大的实际意义，但也可能是面向人脑的神经形态计算机的一个突破。首先，解释记忆电阻器的概念。

实际上，装有记忆电阻器的计算机在开机后不需要启动就可以立即运行。如果用交流电读取，记忆电阻器会保留其存储内容，因此计算机可以像电灯开关一样开关而不丢失信息。

【背景资料】 在传统电气工程中，只有电阻、电容和线圈被区分为开关元件。它们将四个开关变量联系起来：电荷、电流、电压和磁通量。电阻联结电荷和电流，线圈联结磁通量和电流，电容器联结电压和电荷。但是，电荷和磁通量之间有什么联系呢？蔡少棠在 1971 年提出了记忆电阻器的设想。从数学上讲，这是通过定义一个函数 $R(q)$(“忆阻函数”)来实现的，其中磁通量 Φ 随电荷 q 的变化保持不变，即：

$$R(q)=\frac{\mathrm{d}\Phi(q)}{\mathrm{d}q}$$

电荷 q 的时间变化定义了电流 $i(t)$：

$$i(t)=\frac{\mathrm{d}q}{\mathrm{d}t}$$

磁通量 Φ 的时间变化定义了电压 $v(t)$：

$$v(t)=\frac{\mathrm{d}\Phi}{\mathrm{d}t}$$

结论：记忆电阻器上的电压 v 与电流 i 直接相关：

$$v = R(q)i$$

这可以联想欧姆定律 $v=Ri$，它定义电压 v 与电流 i 成正比，电阻 R 为比例常数。然而，记忆电阻不是常数，而是取决于电荷 q 的状态。相反，对于电能，它是成立的。

$$i = G(q)v$$

其中，函数 $G(q)=R(q)^{-1}$ 称为“记忆电导率”(英文单词 memductance，来自表示记忆的“memory”和表示电导率的“conductance”)。

一个记忆电阻器可以概括为一个记忆电阻系统。一个记忆电阻系统不再能简化为一个单一状态变量和一个线性电荷驱动或流驱动方程。

【定义】 一个记忆电阻系统是一个任意的物理系统，由一组内部状态变量 $\boldsymbol{s}$(作为向量)来定义。它遵循一般的投入产出方程：

$$\boldsymbol{y}(t) = g(\boldsymbol{s}, \boldsymbol{u}, t)\boldsymbol{u}(t)$$

其中，输入 $\boldsymbol{u}(t)$(例如电压)和输出 $\boldsymbol{y}(t)$(例如电能)。状态的变化通常由微分方程决定：

$$\frac{\mathrm{d}s}{\mathrm{d}t} = f(\boldsymbol{s}, \boldsymbol{u}, t)$$

记忆电阻系统表现出异常复杂的非线性行为。典型的是图 10.4 中的 v/i 磁滞曲线，它通过收缩磁滞回线在闭合回路中运行。

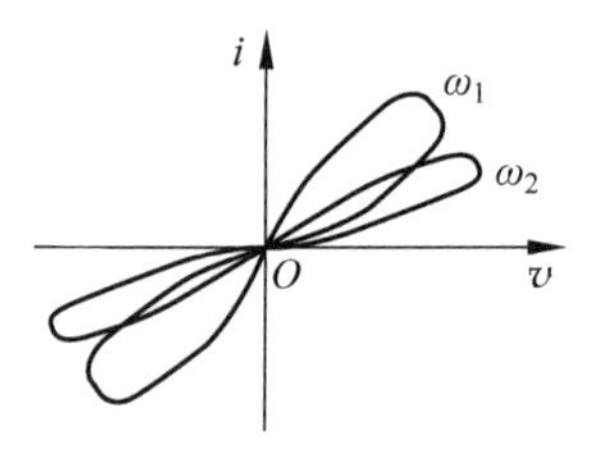

图 10.4 记忆电阻器(取决于角频率)ω($\omega_1 < \omega_2$)的磁滞曲线

一般来说，滞后是指系统的输出变量对输入变量的延迟(希腊词 hysteros)，信号做出反应并发生变化的行为。行为不仅直接依赖于输入变量，还依赖于输出变量的先前状态。如果输入变量相同，系统可以采用几种可能的状态之一。

作为“新的电阻器”，记忆电阻系统模拟突触的行为，因此对于神经形态计算机来说就很有意义了。为此，图 10.3 中电路模型的离子通道被视为记忆电阻系统。霍奇金-赫胥黎的钾离子通道的时变电导率 G_k 被一个依赖于状态变量的电荷控制记忆电阻器取代；钠离子通道的时变电导 G_{Na} 被一个依赖于两个状态变量的电荷控制记忆电阻器取代。这些定义明确的量精确地解释了突触和神经元的实证测量和观察数据。

但如何从技术上实现这种新型电阻器呢？2007 年，惠普(硅谷)公司的斯坦利·威廉姆斯(R. Stanley Williams)首次构建了一个版本，并不断进行简化和改进。想象一下，一个纵横交叉的线网，让人想起金属丝网，如图 10.5 所示。垂直线和水平线的交点用开关联结起来，要关闭开关，两条导线都要施加正电压；要打开它，则施加相反的电荷。

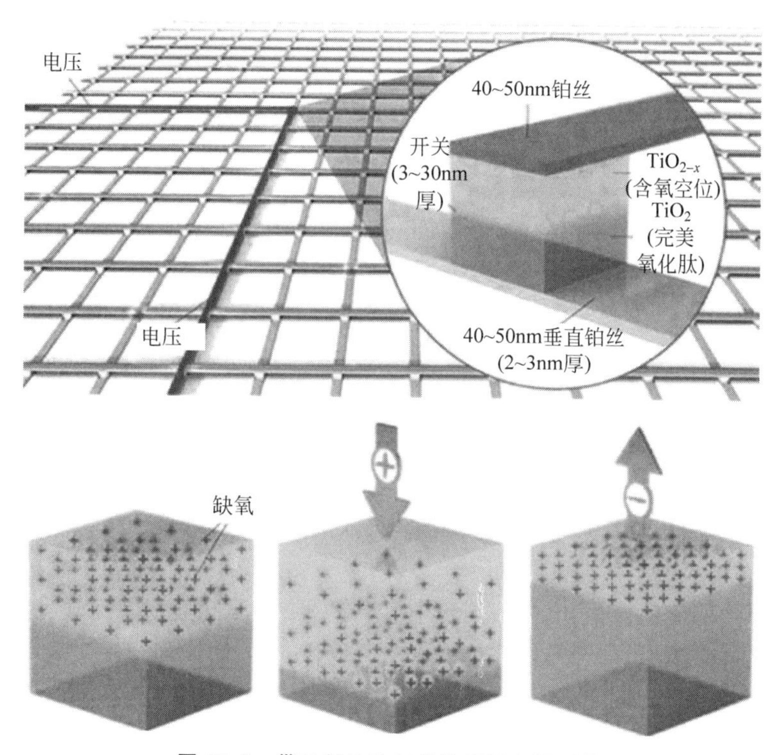

图 10.5 带二氧化钛开关的记忆电阻系统

【背景资料】 为了实现记忆电阻功能,开关是根据特定的体系结构构造的。可以联想一个这样的三明治,在两个铂电极之间有一层几纳米厚的二氧化钛层(就像“面包片”)。在图10.5中,较低的二氧化钛层用作绝缘体。上部二氧化钛层释放氧气,可以把它们想象成啤酒中的小气泡,区别是这里的氧气无法逃脱。这种氧化钛层具有很高的导电性。如果施加正电压,缺氧状态会发生变化,这减少了下绝缘层的厚度,并增加了开关的整体导电性。另一方面,负电荷会引起正电荷的缺氧,这增加了绝缘层,并降低了开关的整体导电性。

当电压在正或负之间切换时,记忆电阻行为变得明显:缺氧的小气泡没有改变,而是保持在原来的位置。两个二氧化钛层之间的边界是“冻结的”,因此开关可以“记住”上次施加的电压。它就像记忆电阻器一样工作。

其他记忆电阻器使用纳米级大小的二氧化硅层,只需要很低的成本。惠普公司生产的内存已经有了大约100千兆比特/平方厘米的巨大封装密度。它们也可以与其他半导体结构结合。它们启动了模拟人脑的神经形态结构的研发。

这个研究项目的产出是霍奇金-赫胥黎的大脑数学模型。在欧盟的人脑项目中,目标是对人脑进行精确的经验建模,包括所有的神经系统细节。随着神经形态网络技术的发展,这一数学模型将配备一个实验性的实验平台,在这个实验台上可以验证关于大脑模式形成的预测及其认知意义。

从心理学角度，知道心理和认知状态是以一种极其复杂的方式相互作用的。感知可以激发想法和点子，继而可以引发行为和动作。然而，感知通常也与自我感知有关：是我在感知。自我察觉，再加上把自己的资料储存在记忆中，就会导致自我意识。如果所有这些不同的心理状态都与大脑中的电路模式有关，那么不仅要记录单个神经元之间的相互作用，还必须记录细胞集合与细胞集合等的细胞集合的相互作用。

原则上，也可以引入微分方程，它不依赖于单个神经元的局部活动，而是依赖于整个细胞的集合，进而又依赖于细胞集合的集合等。这就形成了一个非线性微分方程组，这些微分方程组在不同的层次上相互联系，从而建立了一个模型非常复杂的动态系统。它们与机体的传感器和执行器相连，记录了产生复杂运动、认知和精神状态的过程。正如已经强调的那样，还没有详细了解所有这些过程。但是，原则上很清楚，它们是如何在神经形态计算机中进行数学建模和经验检验的。

10.2 自然智能和人工智能

在进化过程中，网络首先以亚细胞供应、控制和信息系统的形式出现在复杂的基因和蛋白质网络中。神经细胞最终导致了基于神经化学信号处理的细胞信息、控制和供应系统的发展，例如蚂蚁种群、人脑和人类社会的网络物理系统。

根据第1章的工作定义，如果一个系统能够独立且高效地解决问题，则称为智能系统。传统上，在进化过程中创造的自然系统与技术史上引入的技术（“人工”）系统是有区别的。相应的智能程度取决于问题的复杂程度，这些问题可以用数学复杂性理论来度量。

在进化论中，有效地解决问题的方法没有在计算机模型中用符号表示。亚细胞、细胞和神经元的自组织创造了相应的复杂网络。原则上，它们可以用计算机模型来模拟，这些模拟基于神经网络、自动机和机器的基本数学等价性。

可以证明，以整数作为突触权重的麦卡洛克-皮茨（McCulloch-Pitts）网络（见第7.2节）可通过有限自动机进行模拟（见第5.2节）。相反，有限机的性能也可以通过麦卡洛克-皮茨网络来实现。换言之，一个装备了麦卡洛克-皮茨网络型神经系统的有机体只能处理有限自动机能够处理的复杂问题。从这个意义上说，这样一个有机体就像一个有限自动机一样聪明。

但是，哪些神经网络对应于图灵机？根据丘奇论题，图灵机被视为程序控制计算机的原型。

可以证明图灵机模拟的神经元网络的突触权重是有理数（“分数”），并具有反馈回路（“循环”）。相对地，图灵机可以被具有合理突触权重的递归神经元网络精确模拟。

在生物模型中，权值的数值对应于突触化合物的化学强度，而这些化学强度是通过神经网络的学习算法改变的。强烈的突触耦合产生了与机体的精神、情绪或运动状态相对应的神经联结模式。如果把图灵机作为程序控制计算机的原型，那么根据这个证明，一个具有有限突触强度的大脑可以被计算机模拟。相反，图灵机（即计算机）中的过程可以由具有有限突触强度变量的大脑复制。换句话说，这些大脑的智力水平相当于图灵机的智力水平。

实际上，这类神经网络原则上可以在合适的计算机上进行模拟。事实上，实际应用中的神经网络(如模式识别)仍主要在计算机上模拟。只有神经形态的计算机才能直接复制神经网络。

但是具有突触权重的神经网络能做些什么呢？它不仅能处理有理数(如 23715 等有限数量的小数)，而且也能处理任何实数(即逗号后面有无限位数的十进制分数，如 23715…，这也是不可计算的)吗？从技术上讲，这种网络不仅可以进行数字计算，而且可以进行模拟计算。

【定义】 在信号理论中，模拟信号是一个无限可变且不间断的信号。从数学上，模拟信号被定义为一个可以无限微分的光滑函数，即它是连续的，这种函数的图形没有无法区分的角点和断点。这使得物理量的时间连续过程可以用模拟信号的形式来描述。

一个模拟数字转换器将一个时间连续的输入信号离散成单独的离散样本。

事实上，自然有机体中的许多过程都可以理解为类似的过程。例如，视觉过程中的信号处理是由连续的电磁场击中传感器来描述的。听觉的声学也是基于恒定的波。即使在压力下，皮肤传感器也会传递一种持续的而不是数字化的感觉。现在有人反对在有限的物理世界中测量的值是有限的，因此原则上它们也可以被数字化。

模拟神经网络的理论结果对人工智能有着重要的意义。从数学上讲，如果实数的数学理论被假定，那么模拟神经网络就可以唯一地被定义，它以实数作为突触权重。核心问题是模拟神经网络是否能比有理数的神经网络做得“更多”，从而比图灵机或数字计算机“更多”。这将是 AI 辩论中的一个中心论点，根据这一论点，数学比计算机科学“更多”，则不能简化为数字计算机。

自动机和机器的一个主要成就是对形式语言的识别和理解(见第 5 章)。如果自动机在有限的几个步骤之后改变到接受状态并停止，那么它将一个读过的词识别为一个符号的形式化序列。机器所接受的语言只由机器能识别的单词组成。通过这一点，可以证明有限自动机能够准确地识别正则语言(见第 5.2 节)。上下文无关语言使用的规则，其词汇派生不依赖于周围的符号，它们被更强大的下推自动机识别。毕竟，递归枚举语言非常复杂，只有图灵机才能识别它们。

因此，具有合理突触权重的神经网络(如图灵机)也可以识别递归枚举语言。它们既可以是生物体的自然神经元系统，也可以是符合具有合理突触权重的递归神经网络规律的人工神经形态计算机。现在可以证明：原则上，模拟神经网络(具有实数突触权重)也可以在指数时间内识别非计算性的语言。

如果可计算性的概念从自然数(和有理数)扩展到实数，这样的证明在数学上是可能的。用微分方程代替数字过程，也可以用微分方程描述连续的实际过程。换言之，物理中的流动、化学中的反应、生物中的有机体等各种动态系统都可以用相应的实数扩展模拟系统来表示。

【背景资料】 然而，模拟神经网络不能在多项式时间内解决非多项式难度(NP 难度)

问题(见第 3.4 节)。由此可以证明,旅行商问题也是实数非多项式难度上的非多项式难度问题。

另一方面,根据逻辑学家塔斯基(A. Tarski)(1951)的一个证明,任何在实数上可定义的集合也是可判定的。另一方面,有些量是可以定义在整数上的,但不能确定。

这是哥德尔(Gödel)算术不完全性定理的一个结果(见第 3.4 节)。实际的可计算性显然比整数的数字可计算性"简单"了一部分。

可以被归纳为实数可计算性(模拟可计算性)的优势在于,它可以更真实地捕捉生物体、大脑和神经形态计算机中的模拟过程。因此,进化论、数学和技术程序的基本等价性变得显而易见,这表明丘奇论题得到了扩展,如以下重点所述。

【重点】 数字化的有效方法不仅可以用(通用)图灵机意义上的计算机模型来表示,而且还可以用自然的模拟化有效方法来表示。如果这一扩展的丘奇论题是正确的,那么则为计算机的创造打开了一个根本性的视野,其范围最初是无法预见的:所有有效的动态过程(自然的和技术的或"人工的")都可以在(通用数字或模拟)计算机上建模。

这将是复杂动力系统统一理论的核心。计算机中带有数字的符号代码只会是处理信息的方式,代表原子、分子、细胞和进化过程。

可计算性的程度是可以区分的。例如,非确定性图灵机除了常用的有效计算的基本运算功能外,在计算中还使用随机决策。为此,通过(基于图灵的)Ψ-预言机的概念扩展了图灵机的概念,如下定义。

【定义】 对于 Ψ-预言机,除了(确定性的)图灵机的命令外,不知道其是否是可计算的操作 Ψ(例如"用 $\Psi(x)$ 替换数值 x")。计算取决于"预测"Ψ。

自然界中的一个例子就是 DNA 信息有效处理过程中的一种随机变化。此扩展可计算性也称为相对可计算性:如果一个函数可以由 Ψ-预言机计算,那么它相对于 Ψ 是可计算的。

相应地,丘奇论题可以被描述成一个相对化的版本:所有与 Ψ 有关的有效过程都可以用(通用的)Ψ-预言图灵机来模拟。

相应地,丘奇论题的扩展的类似版本(对于实数)也可以设计出来。

可以证明,在多项式时间内,一个模拟神经网络可以识别多项式时间内的同一类语言。

根据在第 1 章中对人工智能的定义,自然生物具有相应的模拟神经系统或相应的技术神经形态系统,其智能程度与 Ψ-预言图灵机一样。

一些数学和自然的物体,例如一系列的零或一个完美的水晶,在直觉上是简单的;其他的物体,类似人类有机体或随机小数序列,例如 0.523976…显然有着复杂的进化历史。这些对象的复杂性可以通过它们的逻辑深度变得更精确,逻辑深度是指一个通用图灵机可以用来从算法随机输入生成其发展过程的计算时间。计算时间不是时间的物理度量,而是复杂性的逻辑数学度量,它根据输入决定图灵机的基本算术运算的数量。

对于自然物体,算法上的随机输入对应于或多或少随机的进化初始数据。因此,通过开发过程的逻辑深度来定义复杂性是独立于计算机的相应技术标准的。可以看出,具有逻辑深度的(复杂)对象不能从简单对象“快速”创建,既不能通过确定性过程,也不能通过概率过程。这一证明从理论上证实了对生命进化的经验认识,生命的复杂有机体经历了许多复杂的或多或少随机相变(分岔)。

从逻辑深度到生命的物理和进化复杂性的转移是基于扩展的丘奇论题的假设,根据这一假设,自然界的发展过程可以通过计算机模型和(扩展的)图灵机以适当的效率进行模拟。

我们通常用连续微分方程来模拟自然过程。数字机器不能精确地求解动态系统的连续微分方程(可计算性的概念有时对于连续系统定律来说不够明确,因为可计算的可微函数可能具有不可计算的导数)。但是,数字计算方法能够以有限的精度逼近动态过程。即使对于随机相变,离散随机模型也是已知的,可以在计算机上模拟,因为它们通常发生在复杂的动态系统中,并且在数学上由随机微分方程(如主方程)描述。

由于计算机程序是由人类发明的,必须为人类所理解,所以它们用编程语言的符号来表示。然而,这只是技术系统中信息的特殊编码。在生物智能系统中,由于信息是通过分子和细胞间的相互作用来编码和理解的,所以这种语言符号的中间表示是不必要的。生物体和神经元之间的神经化学信号交换是按照复杂动态系统的非线性规律来组织的。

整个系统的智能表现不能从群体中的有机体或大脑神经元的单个信号中识别出来。因此,计算机的电脉冲和电压状态也不允许推断它们对信息和知识的处理。这就需要从信息和知识表示到与技术-物理信号相对应的机器语言的多层翻译程序。

对人类而言,知识与意识有着额外的联系。相应的数据和规则从长期记忆加载到短期记忆中,并象征性地表示出来:我知道是我了解、可以或做某事。原则上,不能排除将来AI系统将具备类似意识的能力。这样的系统会创造出它们自己的经验和身份,这与人类的自我体验大不相同。人们在不同的社会环境中也会发展出不同的心理状态,这使每人各自不同,尽管拥有相同的大脑信息系统。因此,只有在AI系统的服务任务需要时,意识类功能的技术调节才有有限的意义。

然而,仅仅把AI研究集中在一个具有人类意识的AI系统上,将是一个死胡同。智力只有在与相应的环境相互作用时才会显现出来。从生理学上讲,人类的大脑自石器时代以来几乎没有变化,之所以能成为21世纪的人,靠的是在这个技术社会相互影响的可能性。

全球化的知识社会本身就是一个复杂的智能系统,在这个系统中,各种或多或少智能化的功能都被整合在一起,而具有世界意识和环境意识的个体则是其中的一部分。因此,网络物理系统的目标是在AI系统中实现社会和情境知识,以改善它们在这个世界上与人打交道的服务任务。因此其格言是:网络物理系统具有分布式人工智能,而不是单一高度精简的机器人或计算机所具有的孤立的人工智能!

在实践中,只能通过有限的方式以陈述性知识表示来理解社会和情境知识,尽管根据扩展的丘奇命题,原则上是可能的。在这种情况下,自然地将其简化为:将自己定位于没有基于规则表示的应用的隐式知识上。只是在网络物理系统的远程通信化的网络世界中使用这些设备,而不知道它们的程序。有了不言自明的用户界面,从人体工程学上说,它们就如同以前田间的犁或锻炉中的锤子和铁砧一样，嵌入这个技术世界中。

在机器人学方面，麻省理工学院人工智能实验室的布鲁克斯（R. A. Brooks）宣传了"无表示的智能"，它在进化过程中发展成为昆虫种群的群体智能。机器人需要在高级编程语言中对汽车知识进行解码，并使用简单的机器，它们的处理器交互时没有严格的程序序列。这些机器人群体智能问题的解决方案是不考虑单个机器知识表示的集体成果。

在未来，一个混合了人工智能系统与基于知识的编程和情景学习相结合的综合战略必将得到推行。只有这样，机器人才不仅可以熟练地相互协调动作，而且可以计划并决定生物系统的复杂程度。在认知和人工智能的研究中，人们越来越认识到：意识在人类问题解决中的作用被高估了，而情景学习和内隐学习的作用却被低估了。据此，智能是一种交互发展的能力，而不是一个孤立系统的静态的、严格的和程序化的属性。

社会是由相互作用的个体、机构和子系统组成的极其复杂的系统，其非线性动力学在相移中发展。由于它们的发展依赖于许多变量，因此也被称为高维系统。就像生物有机体拥有数十亿个相互作用的细胞、器官和神经系统一样，社会系统可以理解为具有经济代谢周期和外部信息系统的超级有机体。可以用复杂动态系统理论来更为精确地解释这种社会生物学的隐喻。

复杂动态系统的例子有经济系统的动态经济模型、运输网络的模型、能源供应系统或因特网的动态模型。因此，公司在复杂的动态通信系统中与网络物理系统一起成长。复杂动态系统在适当的边界条件和初始条件下组织起来，重要的是要影响适当的控制值，使复杂系统以期望的方式发展。

人类社会的动态性远比基因和蛋白质网络、细胞有机体、大脑和动物种群复杂得多，因为这种动态性体现在有意识的人与自己意愿的相互作用上。因此，人们不仅像流体中的分子一样被集体的趋势和旋涡所捕获和驱动；在不稳定的情况下，历史表明，很少有人能够通过政治革命或科技创新来改变全球动态。每天，数以百万计的人们自愿或不情愿地参与创造全球性的社会和经济动态性的趋势。在这个过程中，人与社会环境之间会发生各种反馈机制，进而引发无意识的副作用。因此，分布式人工智能创造了一个极其复杂的通信和供应系统，其动态性取决于技术、经济、社会和文化网络。

复杂动态系统的规律可以用计算机模型来建模，它是复杂网络统一理论的基础。系统生物学和进化生物学、大脑和认知研究以及计算机的软硬件开发、机器人和其他设备、网络物理系统和远程通信化的网络化社会是地球系统朝着这个方向全球化发展的第一步。

根据哥德尔的不完全性定理，将不会有一台超级计算机可以正式地表示其所有知识的全部内容。然而，不完备系统可以逐步地扩展，以开放更丰富的知识表示而不受限制。复杂动态系统的规律使得能够估计发展的趋势、关键阶段和吸引子。因此，系统研究的科学性挑战是更好地理解人类社会的网络物理系统和通信系统的复杂网络动力学。

在实践中，正如作为 AI 创始人之一的西蒙以经济为例所说明的，智能系统是在有限理性的条件下运行的。这种与环境和情景有关的限制不是知识的基本限制。在哥德尔不完全性定理的意义上，原则上可以克服它们，以达到新的可修正的极限。

知识是通过构建外部世界的模型创造的，这些模型由复杂动态系统的方法和程序、组织和制度所产生。即使是像人类这样的生物系统，在他们头脑中也有作为精神构造的知识，而不是作为外部世界的镜像。像人类社会这样的集体信息系统产生了他们作为一种社会建构的集体性知识。因此，有限的知识表示就是系统结构。考虑到这个自我创造的世界，智能系统在有限理性动态变化的条件下，运行在开放的信息空间中。

10.3 量子计算机与人工智能

到目前为止，研究的是经典物理机器上的人工智能。在量子计算中，回到物质的最小单位和自然常数的极限，比如普朗克的作用量子和光速——计算机的极限比。作为一台物理机器，计算机的性能取决于所使用的电路技术，它们的日益小型化创造了新一代的计算机，存储容量不断增加且计算时间缩短。然而，计算机领域越来越多的微型化使得进入原子、基本粒子和最小能量包(量子)的数量级，而通常的经典物理定律仅适用于有限的范围。作为对基于经典物理定律的经典机器的替代品，量子计算机将不得不被使用，它们是根据量子力学定律工作的。

量子计算机将导致信息和通信技术的突破，并极大地提高计算能力。像因式分解这样的问题，直到现在都是指数级复杂度，因此实际上是不可解的，未来就可以用多项式来求解了。从技术上讲，量子计算机将因此极大地提高我们解决问题的能力。从计算机科学复杂性理论的意义上讲，单个问题的长计算时间可以大大缩短(例如多项式计算时间，尽管它们不属于经典计算机中的复杂性类 P)。但是，量子计算机是否也能实现超越通用图灵机复杂度限制的非算法思维过程呢？它们会为人工智能开辟新的可能性吗？

下面首先回顾量子物理学的一些基本性质。

【背景资料】 测量一个粒子的性质，如位置或动量，量子物体(如光子)的行为就类似于粒子。如果测量一个波的性质，如光的频率，量子物体(如光子)的行为就类似于波。因此，在经典物理学中，量子物体是波还是粒子并不是像球或水波那样从一开始就固定不变的，而是由各自的实验测量决定的。量子物理的波粒二元论与经典物理学有着根本的不同。

在玻尔的原子模型中，一个电子的两个态叠加显然意味着电子同时处于两个不同的轨道上。这种不确定性一直持续到电子在一段时间后发射或吸收一个光子，从而使自己进入其中一种状态。这发生在相互作用过程中，例如与激光脉冲。两个像单波一样以同一模式振荡的波也称为相干波，它们被带入自己状态的过程称为退相干。

如果用氢原子来存储信息，那么除了基态外，能量被用来存储代表 0 的 E_0 和代表 1 的能量 E_1 的激发态，还应该考虑一个中间态，其中基态和激发态的波叠加在同一振幅上。这样的量子比特(qubit)是 0 和 1 的一半，而经典比特总是 1 或 0。

【举例】 厄文·薛定谔(Erwin Schrödinger)将一只猫和一个氰化氢瓶一起锁在一个盒子里，在一个思维实验中演示了叠加的量子状态。锤击机制与随机过程有关，如同原子核的衰变那样。如果原子核衰变，则锤击机制被触发，氰化氢瓶被摧毁，致命的毒液就会释放出来。但是,没有人能预测原子核是否衰变,猫是死还是活。薛定谔认为,盒子里的猫处于死与活的叠加状态,对应于原子核的量子态"衰变"与"非衰变"的叠加状态。只有通过测量和观察,即打开盒子,叠加状态才会解除,猫要么"死"要么"活"。然后,还谈到了两个部分状态"死"和"活"的叠加"波包"的"崩溃"或"减少"。叠加波包在数学上对应于两个部分态的概率振幅。

对于量子计算机的技术建设来说,有很大的可能性,但也有相当大的实现问题。除了原子开关的微小尺寸、巨大的开关和信号速度以及低能耗外,量子计算机还可以用于同时(并行)处理大数据量。原因是量子物理的叠加原理,它允许量子比特的形成。在串行数据处理中,每个数据单元必须连续使用大量数据。

【背景资料】 通过并行数据处理,这样的决策算法可以同时处理所有数据。对于量子计算机,所有可能的输入位都被设置成 0 和 1 的叠加态,比例相等。在量子计算机的原子电路技术中处理这个输入之后,得到了这个计算的所有可能输出的叠加。同时处理所有可能的输入称为量子并行性。一些学者将量子并行性与在管弦乐队中同时演奏的不同乐器的声波叠加进行比较,由单种乐器演奏一系列音符的旋律很少见,而只是与其他音符序列叠加的结果。

然而,声波和量子波的叠加有一个根本的区别。量子波是概率振幅,叠加量子比特的中间态在与外界(例如读写设备的激光脉冲)相互作用时,随机跳转为二进制比特状态(即 0 或 1)。与声波不同,当从所有量子旋律的叠加中"读出"它时,单个"量子旋律"就会发生变化。在量子物理学中,叠加态的相干性因与外界的相互作用(例如观察和测量过程)而丢失(退相干)。对于量子计算机来说,这导致了一些重大的技术问题,比如量子比特(作为相干量子态)如何能够稳定地存储,而不会由于外部干扰(例如与材料的相互作用)而不受控制地随机变化。

量子力学定律对计算机的计算有实际意义。例如,如果要解决一个问题的两个子任务,那么一台经典计算机必须先解决一个子任务,然后再解决另一个子任务(串行)。然而,在量子计算机中,这两个子任务可以合并且同时处理为状态的叠加。与具有多个处理器的并行计算机类似,涉及量子并行。

【举例】 考虑一个任务,其中计算机必须找到具有特定属性的自然数。经典的计算机会枚举 1,2,3,…,并依次检查这些数字是否具有所需的属性。如果要找的数字 n 非常大,那么标准必须测试 n 次,因此会消耗大量的计算时间。量子计算机可以同时检查大量数字,因此只需检查一次。

通常情况下,十进制数由与位序列相对应的二进制数表示。在量子计算机中,一个比特由一个量子系统的另一个量子态来表示。例如选择一个基本粒子的交替自旋,它可以是左自旋也可以是右自旋。0 应该对应一个旋转设备,1 对应另一个。一个位序列代表一系列旋转的基本粒子。根据它们的自旋,例如 7 个粒子的二进制状态的组合可以表示 2^7 种可能性,例如 0000000(十进制数 0)、0000001(十进制数 1)、0000010(十进制数 2)等,即 0 到 127 之间的任何数字。

在一台经典的计算机中，必须逐个地输入 0000000、0000001、0000010 等，然后检查所需的标准。自旋可以通过足够强的能量脉冲传输到相反的自选设备中。然而，在微弱的能量脉冲下，粒子只是有时改变自旋，有时不改变。在这种情况下，只能对自旋行为做概率陈述。

当薛定谔的猫在一个封闭的盒子里同时处于死或活的状态时，只要它不被观察和测量，粒子就会相应地处于相反自旋的叠加状态(叠加)。如果所有 7 个粒子都是以微弱的能量脉冲发射的，那么只要不被观测和测量，那么所有 7 个粒子都处于叠加状态。在这种叠加中，它们可以同时代表所有 128 个不同的状态，从而代表不同的数字。

因此，如果在这个叠加中准备了一个包含这 7 个粒子的量子计算机，它就可以同时检查所有 128 个数字所需的判据。我们很容易意识到，即使是几百个粒子也可以同时代表巨大的数字，从而产生我们今天无法想象的计算速度。

然而，如果读出单个值，叠加(概率振幅)会"随机"塌陷为其部分状态，并减少到其部分状态的特殊值。

量子计算机是根据量子物理定律工作的，根据这些定律，只要不干扰量子态的相干性，量子态的输出显然是可以根据输入的量子态计算的。在量子物理学中，一个量子态在时间上的发展是根据薛定谔方程(一个确定性微分方程)确定的。到目前为止，量子计算机的计算过程可以根据确定性图灵机的模型来理解，就像其他几代计算机在机械、机电或电子基础上一样。然而，由于量子并行性，量子计算机可以以闪电般的速度同时处理大量数据，这些数据可以转换成单个量子态的叠加。当读取单个数据时，原则上会出现一个无法预测的随机过程，这使得量子计算机成为一个非确定性的图灵机器。

10.2 节提出了一个机器和自动机的层次结构，对应于提高了效率的神经网络。图灵机在数学上等同于以有理数作为突触权重的神经网络，它们可以识别由乔姆斯基语法所决定的递归语言。以实数作为突触权重的模拟网络对应于一种特殊的预言机，即图灵机，它由(多项式级限制的)预言机扩展，甚至可以识别非递归语言。

量子计算机是依赖于量子预言机的非确定性预言机。量子预言是指当机器输出的数据被读出时，波包(数据的叠加)的随机减少。

量子计算机也可以用细胞量子自动机或神经量子网络来表征。这就提出了一个问题：哪种神经网络模型可以用来描述人脑。

【背景资料】 在数学、物理和宇宙学方面有重大贡献的英国数学家罗杰·彭罗斯(Roger Penrose)试图将人脑理解为一种特殊的量子计算机。在彭罗斯假说中，猜测和正确的论据是交织在一起的，因此值得进一步分析。作为一名数学家，彭罗斯最初认为数学不能追溯到模仿图灵机的数字机器上。事实上，数学证明必须区分图灵机之外的可计算程度，上面提到的预言机和模拟网络就是一个例子。

但是，彭罗斯更前进了一步，他想用量子物理学来解释人类意识的现象。他通过量子物理叠加描述了大脑中许多部分状态的复杂协调，这是有意识思维所必需的，相当于量子计算机中的量子并行性。结果的"读取"发生在量子计算机中，通过叠加的减少而实现。这种减少在量子物理学中原则上是不可预测的或非算法的("随机的")，彭罗斯也试图证明人类思维的创造性和优越性胜过确定性计算机。相比之下，计算机中这样的算法过程并不需要意识。这也符合我们的直觉，即日常活动是无意识地发生的。

彭罗斯进行了神经生物学的推测，根据这个推测，与叠加有关的意识状态可以在所谓的大脑微管得到解释，当然这一推测是很有争议的。微管是细胞骨架中的微小蛋白管，当分布在整个大脑的许多微管叠加时，就会发生有意识的事件。这将假定微管也包含适当的介质，用以维持这种量子效应。

然而，自然界中的量子物理叠加持续时间很短，在影响神经元过程之前就会衰减。对于实验室在非常低的温度下产生的叠加来说，大脑可能太热了。毫无疑问，量子效应也会对分子和细胞水平产生影响。例如，量子化学描述了在发射过程中涉及动作电位发生的发射分子的量子过程。然而，与思想出现有关的叠加的维持，比大脑中测量到的量子效应要大得多。

量子物理学是自然界进化的基础。在宇宙诞生之初，有一个量子真空，基本粒子和原子就是从这个真空中发展出来的。自然界的这一基本层只能用量子物理定律来描述。根据它们的大小，所得到的分子结构处于量子化学和经典物理的交界处。在化学和经典物理学的框架内，可以解释包括大脑新陈代谢在内的生物系统。经典物理可以近似地嵌入量子物理中，例如考虑“慢”速度（相对于光速）、“大”系统（相对于基本粒子）和“弱”重力（相对于黑洞的吸引力）。

微系统似乎通过它们（非线性）相互作用的特性，导致了从基本粒子、原子和分子到器官和大脑的新的宏观结构的形成。相反地，器官状态可以用细胞相互作用来解释，细胞状态可以用分子相互作用来解释，分子状态可以用原子相互作用来解释，等等。第 10.1 节介绍了复杂动力系统的局部活动原理，以便从数学上描述自然界复杂结构的形成。值得注意的是，从量子系统的叠加到细胞和有机体的生命，复杂系统的宏观状态不能简化为单个微观状态之和。

所有先前的测量和观察表明，大脑中新结构和新状态的形成也可以“分层”解释：基本粒子的量子力学相互作用在突触中产生量子化学状态，它的分子相互作用导致了与大脑认知状态相关的神经元网络的互连模式。因此，正如在第 7.3 节中所解释的，意识的状态不是无法解决的“奇迹”。医生们已经在利用他们对潜在神经回路模式的了解，在手术中逐步使病人镇静，或者让他们处于麻醉或昏迷状态。

然而，在机器学习中，从神经元回路模式中感知的发展是技术上产生的，以前关于意识状态的知识不足以在技术上产生意识，至少就像从人类和高等生物那里了解到的：今天机器人的自我感知只是朝着这个方向迈出的第一步。

正如本书多次强调的，科技从来没有局限于对自然智能系统的模拟。第 10.1 节解释了神经形态的计算机结构，这种结构在自然界中不是以这种方式出现的，而是结合了自然界神经元系统的优点和计算机结构的优点。神经量子计算机也是可以想象的，它将量子计算机巨大的计算速度和存储容量与神经网络相结合。最后，从技术上不可能排除彭罗斯的假设，即人脑中的意识状态可以用量子物理叠加来解释，这在神经生物学上是错误的，但有朝一日可以用量子物理计算机实现。第一个技术挑战是在比自然界更长的时间内实现叠加，与环境条件无关。但是，它们是否以及如何与意识状态联系起来是另一个问题。

本书的一个基本论点是，智能系统的生物进化只是或多或少巧合地发生在这个星球上的一种可能性。在逻辑、数学和物理定律的框架内，其他技术发展是相当可能的，其中一些已经实现。在这个论点的框架内，创新领域原则上是开放的。

这是否会导致认识论上的突破？根据这一突破，量子计算机以前无法确定和无法解决的问题是否将变得可判定和可解决？

问题的基本不可判定性和不可解性是建立在逻辑和数学规律的基础上的。因此，即使是量子计算机，原则上也不会解决超出逻辑数学可计算性理论所能解决的问题：在算法上无法解决和无法确定的问题，即使对于量子计算机也是无法解决的。

例如，图灵机的停止问题对于量子计算机也是不可判定的。另一个例子是群论的单词问题，根据这个问题，对于一个符号组的任何两个表达式，必须检查它们是否可以通过预定义的转换规则相互转换。这背后是一个在实践中经常出现的问题，即语言系统中的表达式是否可以相互追溯。

在可计算性理论中，已经证明：没有一种算法可以在每种情况下都能做出决策。量子计算机也不会改变这一点。因此，即使在一个拥有量子计算机的文明社会里，也不会有一台机器能够用算法解决所有问题。因此，即使计算速度和容量有了巨大提高，哥德尔和图灵的逻辑数学极限仍将存在。每一种物理的、化学的、生物的和神经形态的计算机都会尊重逻辑和数学的规律以及自然本身的进化。

除了叠加原理之外，量子物理的另一个(经典的)奇怪现象是，两个空间上遥远的物体，例如基本粒子，可以通过一个共同的量子态相互关联(“纠缠”)，尽管它们不通过任何机制相互作用。

【举例】 在爱因斯坦-波多尔斯基-罗森(Einstein-Podolsky-Rosen，EPR)实验中，分析了从中心源向偏振滤光片反方向飞行的光子对。极性态的关联被理解为局部分离的光子在非局域整体状态下的纠缠。基于相关性，在一个系统上进行的测量现在决定了另一个系统在同一时刻的测量结果。这无法理解，就像在经典物理学中两个分开飞行的球；但可以被关于量子系统的量子力学精确预测，并在EPR实验中得到证实。

经典信息可以在发射机和接收机之间传输，这可以通过不同的物理、化学和生物载体系统来实现，但是发射器和接收器不能在量子效应的范围内微型化。在量子世界中，发送器对应于量子系统的准备，接收器对应于它的测量。从实验的准备状态发展到测量的量子系统(如基本粒子)，在这个意义上传递信息。

量子信息是指量子粒子从量子力学实验的准备到测量仪器所传递的信息。

测量和观察是在这样制备的系统上进行的：现在可以在相同的实验装置上进行重复实验，准备量子粒子的初始状态并测量其最终状态。对于这样一系列的测量，记录实验结果的相对频率，并将其用作统计预测的基础。如果与随机序列的典型行为存在严重偏差，则认为测量失败。

在量子物理学中,可以使用纠缠量子态,它允许量子信息瞬时传送到远程接收器。这与相对论并不矛盾,根据相对论,信号传输只能以光速进行。事实上,它不是位于不同位置的两个对象之间的“交互”。在量子物理学中,EPR关联产生于一个分布在两个物体之间空间的量子态。

然而,量子隐形传态的问题是,要发送的量子信息是未知的,只能通过测量来决定。因此,量子隐形传态不能用于直接的信息传输。在这方面,也与相对论没有冲突;根据相对论,任何相互作用都不能比光速快。然而,只要不测量、阅读和观察量子信息,它就可以立即以任何叠加的方式传输。

从技术上讲,在地球上跨越长达数公里的距离上,纠缠态已经实现了。在上述统计限制下,量子隐形传态是可以实现的。光速可能不是地球上互联网信息传输的有效限制。然而,几年后在前往火星的太空旅行中,由于光速对地球信息传输和控制造成的延迟就将成为一个问题。因此,在宇宙尺度上实现纠缠态的技术实现将是未来面临的一项挑战。在第9章,它是关于以光速与基于物联网的智能基础设施的通信。可以预言星际空间旅行将得到量子物联网的支持,以实现与地球的通信。

如何在量子互联网的基础上实现宇宙规模的智能基础设施?

10.4 奇点和超级智能

到目前为止,人工智能系统在某些领域的表现已经超过了人类。人工智能系统可以更快地计算、回答和提问、识别和预测关系、处理更大数量的数据以及拥有更广泛的记忆能力等。随着计算和存储性能的指数级增长,基本原则却没有改变:无法确定的问题仍然无法解决。然而,至少从理论上讲,在优于人类的人工智能系统中,其智能的惊人增长是可以想象的。在这种情况下,讨论的是超级智能,以下示例可以作为解释。

【举例】

(1) 快速超级智能:人工智能系统可以更快地完成人类所能做的一切。

我们知道当我们比别人快或别人比我们快时的体验。在第一种情况下,我们经历了时间的延长,变得越来越无聊;否则,我们会感到不知所措。可以想象,基于硅或有机物质(例如根据摩尔定律在纳米电子学中的碳)的人工智能系统,可以提高它们的性能。使用合成生物学中开发的神经组织的神经形态系统也是可能的,这种组织可以在受损的情况下植入,也可以用于活体大脑的增强。增强自然大脑在伦理上是有争议的,也会达到医学生物学的极限。

人工智能系统的情况下,在物理定律的框架内,任何低于光速的性能提升都是可以想象的。就速度而言,量子计算机的技术可能性将超越目前存在的一切,但不会改变逻辑数学极限和可计算性定律。

(2) 集体超级智能:一个人工智能系统由许多子系统组成,每个子系统的智能比人类低。

然而,集体人工智能系统则优于人类。这个增强智力的策略在进化论中已经被设想为群体智能,例如白蚁群体的集体智慧远远超过了单个动物的可能性,只有所有动物的相互作用才能创造出精细的白蚁结构。昆虫之间的交流使用化学密码,与大脑中神经化学通信神经元的相似性是毋庸置疑的。在这里,单个神经元是“愚蠢的”,但是集体的互动创造了智能解决问题的能力。群体智能也被用于机器人技术(见第8.3节)。

许多人的相互作用转化为人类,创造了一种远远优于个人的人类集体智慧。几代人以来,这种人类的集体智慧通过图书馆和教育系统传递,通过计算机和数据库呈指数级增长。而互联网正日益独立于人类个体。观察到情报的增强不再是由于个人的贡献,而是由于人们合作的协同效应,其中包括第9.2节中提到的智能基础设施。

这些集体系统也越来越多地进行自动化决策,这不需要人类那样的意识。集体超智能,比人更优越,变得极有可能而且是可预见的。如何驾驭这种智慧,并使它们成为人类服务,是一个巨大的挑战。

(3) 新的超级智能:人工智能系统拥有人们根本不具备的新的智能能力。

这一策略在技术历史上也有阐述。发明家和工程师们找到了解决在进化过程中绝非预先确定的问题的智能解决方案。一个典型的例子是飞行,人类不是天生会飞的,但是他们对喷气式飞机的认识不同于有翅膀的鸟。与此同时,正在为机器人开发人造皮肤传感器,它不仅可以记录温度和压力,还可以记录辐射和化学信号。但是,新的智能能力也是可以想象的:机器人可以将整个互联网作为内存,以闪电般的速度将机器学习算法应用到大数据中。最后,人脑可以由具有新的智能能力的神经形态电路来补充,例如自动语言学习的适配器。

正如本书多次展示的那样,人脑的结构不同于计算机的数字技术。与在短时间内发生的有针对性和有意识的技术优化相比,在数百万年的时间里,大脑结构在不断变化的条件和要求下或多或少地随机演化。生物神经细胞是在很长一段时间内从细胞中发展而来的,这些细胞起初也和其他的细胞一样,然后才逐渐地产生神经信号,最后专门产生控制和调节任务的动作电位。这导致了高度复杂的具有突触和离子通道的神经化学信号处理,使智力的产生成为可能。

另一方面,与现代微处理器相比,生物神经元只能非常缓慢地工作。大脑的节奏缓慢通过并行信号处理的增加得到了补偿,并导致了人脑巨大的网络密度。有了这些复杂的网络和学习算法,使大脑的模式识别成为可能,这对包括人类在内的动物的生存至关重要。相反,在冯·诺依曼计算机体系结构中,信号是按顺序处理的,这项技术依赖于巨大的信号处理速度,根据摩尔定律,硅硬件可以实现这一点。

从逻辑数学的观点来看,这两种方法都是等价的:分别是冯·诺依曼计算机和图灵机,以及(递归)神经网络(具有有理数权重)。有了超级智能,一种方法的优点可以用来抵消另一种方法的缺点。这就是为什么技术上的微处理器、晶体管和记忆电阻器的材料比生物神经元、轴突和突触更稳定和更有弹性。如果有缺陷,可以像更换灯泡一样替换。另一方面,生物组织会经历衰老过程和病理变化(例如肿瘤形成),这一点很久以来还没有了解清楚。因此,技术性的大脑网络在技术上是可以想象的,它可以比生物神经元和突触交换更快、更具弹性的信号。

另一个例子是：生物短期记忆的优点是存取时间短，但缺点是存储容量小。大数据数据库的内部存储技术已经结合了生物短时记忆和海量数据存储的优势。

除了硬件或软件，优化的软件应用也是可以想象的。一方面，考虑到人脑学习和存储少量数据的困难，错误和冗余是生物大脑的典型特征。另一方面，一台计算机只需按一下按钮就可以传送大量的数据，并为其他计算机复制任意数量的数据。在处理错误、冗余和杂项时，人们会“注意要点”，而不会迷失在细节上。对模式的有效评估和对整体环境的发现是人类智能的特征。

因此，人类智能的优势包括神经元区域，这使得快速直观的评估和决策即程序性学习成为可能。但从技术上讲，在超级智能中开发专门针对它的算法绝非不可能。

在哪些情况下，超级智能可以继续发展？如图 10.6 所示的一个超级智能发展过程被假设为几个阶段。第一个阶段是一个基本的人类水平，在这个水平上，一个单独的人工智能系统可以完全模拟人脑。这可能是一个人工神经形态系统。一台在逻辑和数学上与图灵最初设想的计算机完全相同的计算机绝不是不可能的。

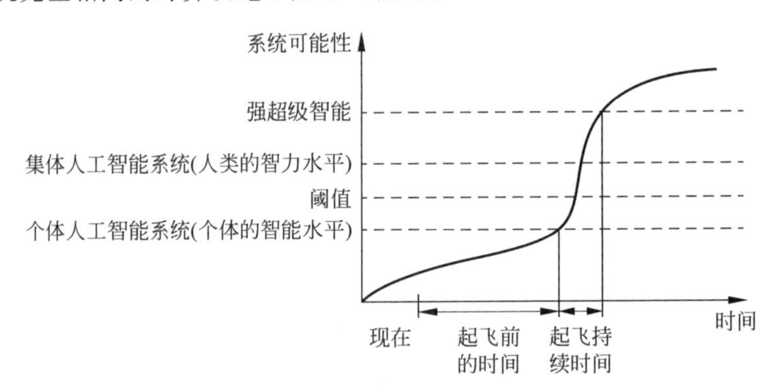

图 10.6　超级智能发展阶段

原则上讲，所有的人工智能个体都可以被这样一个系统所取代。这将创造一个集体的人工智能系统，相当于人类的集体智慧。在这一过程中，子系统将不得不发展(例如智能基础设施)，这些子系统越来越多地做出独立的决定并为自己设定目标，因为只有这样，它们才能比人类更好地确定后果。这样就会突破瓶颈，最终会产生超级智能。

【定义】 超级智能是一个优于人类个体和集体智能的人工智能系统。

一个能够自我改进的人工智能系统被称为“种子人工智能”。

【重点】 即使是一个超级智能也会受到下列约束：

(1) 可预测性、可判定性和复杂性的逻辑数学定律和论据(见第 3.4 节、第 5.2 节和第 10.2 节)；

(2) 物理定律。

逻辑、数学和物理仍然是每一项技术发展的规则框架，因此需要跨学科的基础研究，这样算法才不会失控。

问题是，这种超级智能是否会在某个时间点出现，还是会在一个持续的长期过程中发展。选择性事件的支持者认为：既然建造超级智能机器是超级智能机器的能力之一，那么提高超级智能的爆炸性发展可能会发生。早在1965年，在第二次世界大战期间与图灵一起工作的统计学家古德(I. J. Good)就预言："超智能机器是人类必须做出的最后一项发明。"

技术奇点是指一种超智能出现的时间。1993年，数学家温格(V. Vinge)发表了一篇题为"技术奇点"的文章，将人类时代的终结与技术奇点联系起来。计算机科学家和作家库兹韦尔(R. Kurzweil)将奇点归因于指数级增长的技术，不仅包括根据摩尔定律计算能力，还包括纳米技术和传感器技术，以及产生新生命形式的遗传、神经和合成生物学技术。这些指数级技术的融合打开了未来的前景，这些前景与作为生物物种的人类变化的巨大可能性有关：为什么具有这种潜力的人应该接受衰老过程和死亡是"自然而然的"？地球上的实际进化本身只是进化规律框架内多种可能性中发展的一个分支(见第6章)，这或多或少是在随机条件下实现的。

硅谷奇点大学的库兹韦尔(Kurzweil)宣扬一种跨人文主义，在这种文化中，所有疾病都能被战胜，人类的社会问题可以得到解决。基于"是的，我们可以"的口号，美国梦是与无限技术潜力的假设相结合的。像比尔·盖茨这样的成功企业家希望用他们的资本和现代医学技术战胜人类的疾病。像克雷·文特(Crai Venter)这样的成功研究者解释了如何将生活转变为一种有利可图的商业模式。

跨人文主义者希望通过技术来克服人类有机体的局限性。在技术奇点之上，超级智能将控制人类的发展。

多年前仍在科学性上被质疑的科幻小说作者的想象，现在越来越具有现实性。然而最终还是有一个问题，那就是在奇点出现之后，作为对人类的一种服务，超级智能是如何能被驾驭的？为了将人工智能转变为一种成功的商业模式，有影响力的机器人实验室也在和军事技术联合起来。人工智能武器系统的军事军备竞赛可能引发螺旋式发展，成为不再关心人类普世福利的超级智能。

几十年前，分子生物学家和基因工程师警告人们不要滥用他们的知识和技术。鉴于人工智能系统的自主性越来越强，著名科学家和技术企业家警告人们不要进行人工智能的数字军备竞赛，并将其与核武器相提并论。核裂变的无限能量相当于超级智能的无限增长，这两种情况都将无法控制。

人工智能将与其他技术的发展相融合。未来的技术发展可以从以下几个方面进行科学且认真的评估。

(1) 目前哪些技术是可能的？

(2) 哪些技术已经具备在未来几年建造这些技术的可能性(例如激光束能量传输、电动汽车)？

(3) 哪些技术在物理上是可以想象的，但由于许多困难(例如聚变反应堆、聚变火箭推进)，它们的技术实现仍然无法成功？

(4) 哪些技术在物理上是可以设想的,但目前没有可预见的技术来实现(例如反物质火箭推进、超导体运载火箭推进)?

(5) 纳米技术和机器人技术将在太空中发挥什么作用?空间技术的发展阶段如何依赖于人类文明的发展阶段?

值得一提的是,计算机先驱祖泽(K. Zuse)早在20世纪60年代就已经为未来的人工智能在太空中的具体项目作规划了。如果根据祖泽的观点,宇宙是一个可计算的元胞自动机,那么自动机也应该用于解决它自己的问题。在细胞自动机理论的初期有一个问题,即自动机应该如何像活的有机体一样复制自己。从数学上讲,这个问题是由冯·诺依曼(J. von Neumann)用一个通用元胞自动机解决的(见第6.2节)。然而,工程师和发明家祖泽关心的是制造相应机器人的技术问题。20世纪70年代初,祖泽开始了他的自我复制系统项目,建造了SRS72装配线,该生产线将用提供的工件来自我复制。他的装配线修复后现在位于慕尼黑的德意志博物馆内。

【背景资料】 祖泽将这一点与一种技术性生殖细胞的设想联系在一起,即通过系统内部的数据存储和数据处理,借助于可用的原材料来生长为一个像生物有机体一样的复杂系统。根据祖泽的观点,有了这样的生殖细胞,人类文明就可以扩展到太空:从一个星球上的生殖细胞开始,智能机器人工厂就可以生产出射向其他恒星系统中其他行星的生殖细胞,以便在那里重复自我繁殖的过程。

1980年,美国物理学家称上述情景为"冯·诺依曼探测器"。与祖泽不同的是,冯·诺依曼从未提及过这样一个太空项目。

材料研究的新机遇,例如纳米技术带来的新机遇,对于技术上的自我复制无疑是至关重要的。首先,自我繁殖和或多或少与人类自主行动相关的技术将被整合到社会技术系统中。物联网和工业4.0是朝这个方向迈出的第一步。"人为因素"将是这一发展过程中的一个核心挑战,以便充分考虑其机体的、心理的和智力的前提条件。

同时也必须要考虑到生命科学的最新进展。根据目前系统生物学的知识,原则上不能排除生命可以随意延长的可能性。学者们仍在争论死亡是由基因决定的、还是通过进化适应程序给予整体更大的生存机会的。人口动力学的数学模型为此提供了惊人的证据。

这个例子直接说明了这种长期未来情景的社会和社会性的后果。在如今这个技术和经济高度发达的社会,应对人口结构的变化也是很困难的,这个社会的人们在老年时保持更长时间的健康状态。最后提出一个政治问题:在这种社会中,是如何解决冲突的?在这种情况下,什么样的社会和政治组织形式是合适的?

在本书中,信息的概念已经被证明是一个普遍的范畴,用它不仅可以捕捉到技术上的变化,而且可以捕捉到社会、经济和社会的变化。因此,美国天体物理学家萨根(C. Sagan,1934—1996)提出了一种根据数据处理状态来衡量文明的尺度,刻度从字母A到Z,对应于不断增加的数据容量。

【背景资料】 A型文明只能处理一百万比特的信息,这是第一个发展阶段,在这个阶段只能使用口头语言,而不能使用带有文件的书面语言。可以想象土著人,例如那些在亚马孙地区被发现的土著人。

像希腊这样的古代高级文化，其传统的书面文件估计有10亿比特的规模，相当于萨根提出的C型文明。

萨根对当今文明的评价是在大数据时代之前。随着大数据的出现，当今文明正在从千兆字节(10^{15})字节时代走向exa(10^{18})、zetta(10^{21})和botta(10^{24})字节时代。

根据硅谷的想法，奇点之后，它将是以超智能的方式发生的。人类物种在宇宙中的传播也将需要与当今标准相关的超智能，然而硬币的另一面是对能源的巨大需求。

每一种文明都依赖于能源。俄罗斯天体物理学家卡达舍夫(N. Kardashev)早在20世纪60年代就已经考虑过，未来文明的发展状态如何根据其能源消耗的可能性进行分类，并得到了一个具有可测量的定量标度。卡达舍夫区分了以下三种文明。

【背景资料】 第一类：1型文明控制着它星球的能量。一颗行星所消耗的能量是由它的太阳入射光的部分决定的，就地球而言，可以估计其能量约为10^{17}瓦。这不仅仅是指太阳能，现在是由太阳能和光伏发电共同产生的。化石燃料是储存在死掉植物中的太阳能，风、天气和洋流也只能通过太阳能来实现。这种类型的文明支配着所有这些形式的能源。这目前对人类来说似乎是乌托邦式的，但实际上并非不可能。

因此，人类仍然是能量小于10^{17}瓦的0型文明，为此可以指定定量的精细的度量尺寸。这一切都是从0.2马力的文明开始的，它只能建立在人类的体力基础上，这是狩猎者和采集者的时期。以马力为支撑的1马力文明进入了驿站马车时代，直到19世纪初蒸汽机实现机动化，到19世纪末终于实现内燃机化，能源消耗才在煤和石油的基础上呈指数级变化，最后是核能。与此同时，正在利用地球上所有可能形式的储存能源，但是人类距离控制风和天气还很遥远，尽管运用适当的方法并非不可能。因此，根据目前能源使用程度估算的百分比，对人类来说是0.7型文明。

在等离子体物理的数学理论中，已经把太阳的聚变能打包成公式。然而，核聚变反应堆还有很长的路要走。在卡达舍夫之后，这将是迈向第二类文明的第一步：它控制着太阳的能量，因此约为10^{27}瓦。这不仅仅意味着太阳能电池可以被动地收集太阳能。美国物理学家戴森(F. Dyson)描述了这样一个文明是如何在其母星周围建造一个巨大的球体来吸收所有的辐射。

第三类文明是星系范围的，它消耗数十亿颗恒星的能量，约10^{37}瓦。

目前只能用影片来说明，卡达舍夫的衡量尺度是如何从科幻文学中衍生出来的。第一类文明将是闪电侠戈登(Flash Gordon)的世界，因为所有的行星能源都可以在那里使用，即使是风和天气也完全可以控制。第二类文明是星际迷航(Star Trek)中的行星联盟，它已经在附近的100颗恒星上殖民了。最后，电影《星球大战(*Star Wars*)》中的帝国相当于第三类文明：拥有数十亿颗恒星的星系的大部分都被使用。在这种情况下，超智能正在宇宙中被传播。

10.5 技术设计：人工智能作为人类的服务系统

由于奇点追随者对未来的预测与计算和存储容量增大、体积减小、价格降低、效率提高等测量方法相矛盾，人类的数字化未来似乎由相应的指数曲线决定。在这种情况下，奇点的确切时间只是对假定条件进行微调的问题。

这种数字决定论非常有问题，因为以前的技术发展绝不是决定性的，新的创新动力往往会给发展带来意想不到的方向。在20世纪50年代初，计算机先驱们依靠一些大型计算机，但是后来比尔·盖茨带着他的许多小型个人电脑(Personal Computer，PC)来了。即使是作为全球通信基础的互联网，最初也没有出现在屏幕上；当时建立军事通信网络是为了在发生核打击时保护指挥机构；智能手机和相关公司的指数级成功也不是经长期计划产生的。今天，没有人知道未来几十年会出现哪些突变产业发展性的促进作用，以及它们会引发哪些趋势逆转。

技术发展与生物进化有一定的相似性：创新起着突变的作用，市场就是选择，社会结构影响趋势发展，类似于生态条件影响进化。但是，在数百万年里，进化算法是“盲目的”。人类(仍然)能意识到技术的发展，至少在短时间内，他们可以有针对性地控制和影响趋势。

相反，未来模型通过人类意识的反馈影响人类的目标和欲望，并影响未来的发展：这被称为事实的规范力量。通过这种方式，硅谷的奇点思想可以产生跨人文主义信仰的支持者。如果他们是重要公司和研究中心的佼佼者，最终的结果可能是自我强化，使预测变成现实(“自我实现的预言”)。

然而进化已经表明，在自然规律框架内的发展可能性是开放的。只有一些可能的分支才被实现，因此有如下规则。

【重点】 未来在自然法则的框架内是开放的，因此也有人说“未来(复数)”而不是“一个”未来。

技术发展会受到不断变化的技术、经济、生态和社会条件的影响，这就是所说的技术设计。当大数据用强大的算法分析未来时，旧的场景和德尔菲(Delphi)技术试图获得对未来的定性洞察，这是为了测试技术设计的范围。

场景技术依赖于对事件的定性理解，因此这不是超级计算机和数据，而是人类的知识和专家的理解问题，这是对未来可能的情况进行评估的问题。这些方法不是针对一个确定的未来，而是考虑一种可能性(“未来”)，这取决于所选专家的经验、想法和直觉。

【定义】 情景描述了假定为假设的未来情况和状态，并从中得出因果和逻辑后果。这些结果使得能够对未来的备选方案进行或多或少的评估。起点是现在和过去，只要它们可以通过经验数据分析得到。由此，确定了一个趋势情景，并在假设不变的约束条件下外推到未来。

【背景资料】 然而，假设辅助条件的变化将导致情景的替代可能性，随着与当前情景的距离越来越远，这些情景会越来越偏离趋势情景。在直觉上形成了一种漏斗，从现在开始，围绕趋势场景的时间轴进一步打开，在页边空白处可以区分积极和消极的极端情况。

能源发展的未来情景就是一个例子，在延续现有条件的基础上，通过不同政治决策的不同情景来发挥作用。

在详细阐述情景发展的过程中，对各个阶段进行了区分，从最初的任务分析到因素和趋势分析以及后果的推导，最后是对它们的评估和解释。

德尔菲法被用作未来发展的估价方法。传说中的德尔菲神谕如今正被专家们的意见取代，他们根据他们的知识来识别和评估趋势和未来的模型。例如，当未来创新的投入是合理的时，该工具会被各部委和科学组织用作决策辅助。

【定义】 德尔菲程序中，在第一轮评估中会出现一个调查问卷。在第二轮评估中，参与者了解其他专家的评估结果，以便通过与其他评估的反馈逐步启动进一步的评估回合，直到最后达成共识或稳定的替代方案。德尔菲回路以一个路线图结束，路线图向用户推荐一个行动策略或一个项目的实施计划。

场景和德尔菲技术并不能使未来完全可计算，但却不会差太多。用图灵的术语来说，拥有知识和直觉的专家可以理解为预言机器，其结果可以与可计算和可证明的参数相结合。

专家的弱点是选择有限。只要一个人在一个有限的学科中进行趋势评估，这可能没有问题。然而，当涉及社会技术系统的未来评估时，最初的情况变得更加困难：如果只要求工程师建造一个能源工厂或一个机场，那么只会得到工程师的观点；如果只问社会科学家的观点，那么会听到他们基于社会科学方法的评估。但如果要求一个专家跨学科地提供意见，他将力有未怠。

此外，还有大众的关注。在这里，一个评估和交流的过程正在出现，它不仅必须传达跨学科的知识，而且还必须传达意见和态度。社会技术体系是复杂的，在民主条件下的实现更为复杂。然而最终，为了评估未来的风险，必须进行有强有力的决策。

【举例】 以智能基础设施为例进行技术设计。

至关重要的是，计算机网络要融入社会的基础设施中，并考虑到社会、经济和生态因素，因此人工智能支持的社会技术系统使得为人们提供服务成为可能。它们与它们的环境(例如互联网)联网，应该能够抵御干扰、适应变化，并对变化做出敏感反应(弹性)。在工作场所、家庭、老年护理和照顾、交通系统和航空领域，已经可以找到相应的应用程序。

智能基础设施是一个复杂的系统，必须集成技术上不同的领域。智能工厂、智能健康中心或智能交通系统的基础设施应该记录在通用软件中。计算机软件通过将程序翻译成机器语言来区分用户层和中间件。像城市或机场这样的智能基础设施被理解为虚拟机，首先是在客户和用户与系统进行通信和交互的集成客户的级别，互操作性对用户可见。将根据使用需要，在较低级别集成这些服务，然后访问传输系统、医疗保健系统和工业工厂的特定领域架构。

具体地说，可以想象一个城市管理部门将在一个通用软件中得到代表，它必须考虑到城市交通系统、各部门的医疗保健以及市政能源供应和碾压式焚烧厂的工业设施，因此提供的服务互操作性接收具体的应用程序(语义互操作性)。

【重点】 信息基础设施的技术设计需要技术科学、自然科学、社会科学和人文科学与物理学、机械工程、电气工程、计算机科学以及认知心理学、通信科学、社会学和哲学的跨学科合作。既需要感知、整合、知识、思维和问题解决的模型，也需要社会学和技术哲学的系统和网络模型。目标是信息基础设施的综合性的人类因素工程。

以人为中心的工程旨在为分布式模拟/数字控制、人机交互和综合行动模型、社会技术网络和交互模型提供集成的混合系统和体系结构的概念。这需要逐步开发参考体系结构、领域模型和各个学科的应用平台，作为有意识地感知情景和上下文、解释、过程集成以及系统可靠操作和控制的先决条件。

信息基础设施中人的因素必须以跨学科的方式进行研究，从人体工程学的经典问题、工作流中适应性结构和适应性结构的整合以及可追溯性的相应影响到在适当系统的使用下适应社会行为的问题。尽管有多功能和复杂的服务以及操作选项，但还是建议使用简单、耐用和直观的人机交互。

【举例】 技术设计准则。

在开放的社会环境中，考虑其复杂的网络化的和自主交互的系统和参与者，系统在安全、信息技术安全和隐私方面的可靠性和信任度都需要敏感性。基准为：①性能和能源效率(环境)；②开放价值链中的专有技术保护；③对不确定性和分散性的风险评估；④在不同子系统、约束性领域和质量模型、待协商的规则和政策(如合规性)之间的目标发生冲突时，采取适当和公平的行为。

智能基础设施是在不断变化的社会背景下发展起来的：它们也改变了民主政体的结构。数字通信使公民能够更快地获得信息。社会的变化可能带来新的社会技术体系，这使得民间社会组织、非政府组织和公众的关注度极大提高。由于实时信息、网络密度增加的更高反应性以及相关的级联效应，新的液体形式的(非刚性和"液化")民主正在出现。更好、更快的信息促使公民要求更多地参与有关引入社会技术系统的决定。

技术设计不仅是专家的任务，而且涉及社会。民间社会的更多参与是对参与式民主要求的回应。为此，技术解决方案必须包括生态、经济和社会层面。在这种情况下，讨论可持续创新。尽管有更多的参与，大型社会技术项目仍然应该可行，以免危及创新位置，因此可持续创新也应该是稳健的。可持续和稳健的创新是一个社会未来生存能力的首要条件。

在全球数字化、信息和知识倍增中，可持续的信息基础设施是社会创新潜力的先决条件。这就需要建立一个综合性的研究和教学中心，其中工程学和自然科学，以及人文和社会科学将为社会技术系统的挑战做好准备。

在这些跨学科的研究集群中，明天的大学正在崛起，它们横跨了传统的工程、自然科学、社会科学和人文科学的院系区分。这就是为什么谈论矩阵结构：学科被理解为矩阵线。矩阵列是综合性的研究项目，它收集了不同学科的研究元素。作为2012年卓越计划的一部分，慕尼黑工业大学成立了慕尼黑社会技术中心(Munich Center for Technology in Society，MCTS)。1998年，奥格斯堡大学成立了跨学科计算机科学研究所(Institute for Interdisciplinary Computer Science)，以分析(当时)互联网的社会影响。

这背后有一个基本的认识，即科学不独立于社会而工作。如果不考虑社会结构和社会进程，工程和自然科学（尤其是人工智能研究）的任何创新都很难取得成功。

【问题】

（1）在不了解未来人工智能与城市共存方式的情况下，如何创建智能城市？

（2）在不考虑发展中国家情况的情况下，研究人员如何为世界上不断增长的人口开发智能的食品和供应链？

（3）在不考虑老年人需求的情况下，机器人怎么能帮助他们呢？

（4）在不考虑相关的社会、经济和生态因素的情况下，智能能源网络等大型技术项目应如何融入社会？

不仅是应用研究，基础研究也都面临着没有社会科学和人文科学知识则无法回答的问题：

（1）研究的标准是什么？

（2）科学如何超越共同理解？

（3）如何从失败的方法中吸取教训？

【重点】 人文和社会科学的问题必须从技术设计的一开始就加以解决，而不是在技术已经创造了事实的情况下才开始发挥作用的"附加组件"。

科学、技术和社会之间的相互作用必须从知识、评价和交流三个角度来审视：

（1）科学技术研究：社会科学家和人文学者研究科学技术的社会方面，包括哲学家、历史学家、社会学家、政治科学家和心理学家。

（2）伦理与责任：经济与医学伦理学家、环境与技术伦理学家共同评估研发。

（3）媒体与科学：传播和媒体科学家研究科学和社会如何交流。

在技术设计中，人类科学家专注于对具体问题的实证研究。为此，应建立符合以下标准的实验室：

（1）研究项目是自然科学、社会科学和工程科学的交叉学科（"跨学科"）。

（2）以项目为导向，即从具体项目中发展伦理和社会科学问题（"项目导向"和"自下而上"）。

（3）是为公众对话而设计的（"透明"和"玻璃实验室"）。因此，在研究进行的期间，已经开放这些实验室供公众讨论。联合调查结果还应作为决策的依据。

在一个信息日益丰富的社会，民众要求参与基础设施和技术项目决策的呼声越来越高。此前法治的回应是规划审批程序，其中从项目开发商编制规划到征求意见程序、公众解读、讨论、咨询结果的转交到规划审批决定的阶段性转变，都在法律上得到了明确界定。

然而，公民和当局的参与往往被宣布为"听证会"，其方式似乎掌握在当局手中。所谓的"排除效力"，就是在排除期届满后排除任何异议。在这种情况下，学习过程是不可能的，尽管技术、社会和经济条件可以改变。这是一个"线性"的合法化程序，必须考虑到一个变化的复杂世界。

在多大程度上，参与才有可能不损害一个社会的决策能力和可持续性？必须重新考虑公民参与、科学技术能力（研究机构、大学等）、议会作为民主合法的决策者以及司法部门和行政部门之间的游戏规则。技术-经济-生态发展正在改变政治结构。

【重点】 其目的必须是让未来几代的工程师、计算机科学家和科学家将与社会的联系视为他们工作的一部分。为此,所有学科的学生都必须提高认识。

只有在考虑人类科学因素的情况下,人工智能研究中人机关系的技术设计才有可能实现。

人工智能未来的大问题只能以跨学科的方式回答。应在技术和组织两级中审查每一个发展步骤,以便在与社会对话时讨论社会影响和挑战,并得出结果。有了这个策略,就可以避免睡过头的"奇点"。否则,有一天早上醒来,人们将发现自己到了一个充满跨人文主义的超级智能的新世界。

参考文献

第11章 人工智能有多安全

CHAPTER 11

11.1 神经网络是一个黑匣子

机器学习极大地改变了人类文明。人类越来越依赖于高效的算法，否则文明基础设施的复杂性将无法管理：大脑速度太慢，被必须处理的大量数据压倒。但是人工智能算法有多安全呢？在实际应用中，学习算法是指神经网络的模型，这些模型本身非常复杂。它们被大量的数据喂养和训练。必要参数的数量呈指数级增长。没有人知道这些黑匣子里到底发生了什么。统计上的试错程序通常仍然存在。但是，如果方法论基础仍然模糊，那么例如在自主驾驶或医学等领域，责任问题应该如何界定？

在使用神经网络的机器学习中，需要更多的对原因和效果的解释（可解释性）和归因（责任），以便能够界定责任的伦理和法律问题。

在统计学习中，依赖性和相关性是通过算法从观测数据中推导出来的。为此，可以想象一个科学实验，在一系列改变的条件（输入）中，相应的结果（输出）随之出现。在医学上，可能是病人对药物有某种反应。假设对应的输入和输出数据对是由同一未知随机实验独立生成的。从统计学上讲，观测数据的有限序列$(x_1,y_1),\cdots,(x_n,y_n)$，它的输入$x_i$和输出$y_i(i=1,2,\cdots,n)$由随机变量$(x_1,y_1),\cdots,(x_n,y_n)$实现，具有未知的概率分布$P_{X,Y}$。

算法现在应该能够导出概率分布$P_{X,Y}$的性质。例如，对于给定的输入，对应的输出发生的期望概率。它也可以是一个分类任务：一组数据被分成两类。数据集（输入）的一个元素属于一个类或另一个类（输出）的可能性有多大？在本例中，还讨论了二进制模式识别。

【背景资料】 当识别二进制模式时，数据集X的数据被分配到两个可能的类中，它们被指定为$+1$或-1。这个赋值由函数$f: X\rightarrow Y$和$Y=\{+1,-1\}$描述。二进制模式的统计学习涉及从一类函数F中确定错误偏差或期望误差最小的赋值f。下式讨论统计学习的风险最小化。

$$R[f]=\int \frac{1}{2}|f(x)-y|\mathrm{d}P_{X,Y}(x,y)$$

然而，由于所有值的概率分布 $P_{X,Y}$ 是未知的，因此该公式和所寻求的模式识别不能以最小误差偏差计算。只能将有限多的经验观察分类$(x_1, y_1), \cdots, (x_n, y_n)$进行处理，因此将仅限于经验风险缓解。为此，下式逐步为 F 类的每个赋值函数 f 确定从范围 n 的样本中学习时的经验训练误差。

$$R_{\text{emp}}^{n}[f] = \frac{1}{n}\sum_{i=1}^{n}\frac{1}{2}\mid f(x_i) - y_i \mid$$

这在 F 类中创建了一系列函数，并改进了训练错误。核心问题是，这种方法是否可以用最小的误差偏差来确定模式识别。从数学上讲，问题是这样确定的函数序列是否在 F 类中收敛到误差最小的函数上。

事实上可以证明，这种收敛或学习只对小的子类有成功保证。VC(Vapnik-Chervonenkis)就是一个例子，用它可以确定此类函数类的容量和大小。在很大的概率下，风险不大于经验风险(加上随函数类大小增长的项)。

目前，机器学习的成功似乎证实了这样一个论点：它依赖于随着计算机能力的不断提高而处理的尽可能多的数据。然而，检测到的规律性只依赖于统计数据的概率分布。

【定义】 统计学习试图从结果(例如随机实验)和观察的有限数量的数据中导出概率模型，如图 11.1 所示。

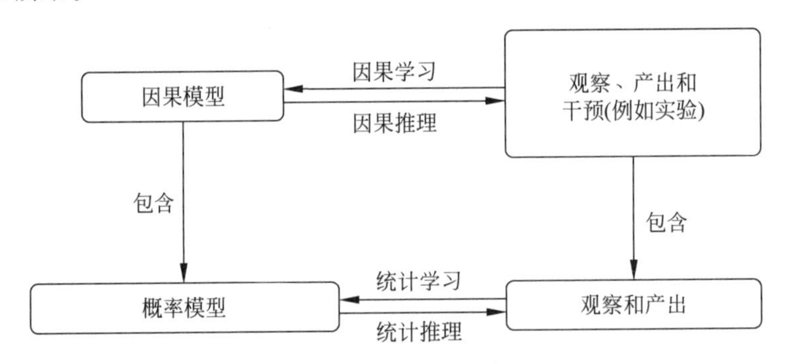

图 11.1 统计和因果学习

相反地，统计学推理试图从假定的统计模型中推导所观察数据的特性，如图 11.1 所示。数据相关性可以提供事实的指示，但不必这样做。想象一下，一系列的测试显示了一种施用的化学物质与某些癌症肿瘤的控制之间存在着良好的相关性，那么相关公司就会有压力，要求他们生产合适的药物，并从中谋取利润；但是，受影响的患者可能也会将此视为最后的机会。事实上，只有了解了肿瘤生长的根本原因，即细胞生物学和生物化学的自然规律，才能获得一种可持续的药物。

牛顿对他父亲农场中苹果树上落下的苹果的数据相关性已经不感兴趣了，而是对潜在的数学因果引力定律感兴趣，这一定律使得对落下的苹果和天体的精确解释和预测成为可能，最终也成为卫星和火箭技术的基础。

因此，从数据中进行统计学习和推理是不够的。相反，必须认识到测量数据背后的因果关系，这些因果关系依赖于研究方法各自应用领域的规律，即牛顿例子中的物理定律、癌症研究中的生物化学和细胞生长规律等。如果不是这样，目前已经可以用统计学习和推理的方法来解决这个世界的问题。事实上，在当前人工智能的炒作中，一些目光短浅的同时代人似乎相信这一点。

无论数据量（大数据）和计算能力有多强，没有因果领域知识的统计学习和推理都是盲目的！

除了数据的统计外，还需要应用领域的附加规律和结构假设，并通过实验和干预加以验证。因果解释模型（例如行星模型或肿瘤模型）满足理论的定律和结构假设（例如牛顿引力理论或细胞生物学定律），定义如下。

【定义】 在因果推理中，数据和观察值的性质是从因果模型中推导出来的，即对因果关系的合理假设。因此，因果推理可以确定干预或数据变化的影响（例如通过实验），如图 11.1 所示。

相反地，因果学习试图从观察、测量数据和干预（例如实验）中创建一个因果模型，这需要额外的规律和结构假设，如图 11.1 所示。

一个结构因果模型由一个可能的噪声变量的因果结构分配系统组成。因果关系用随机变量描述，它们的函数式（在考虑噪声变量的情况下）由方程定义，例如，在函数依赖于原因 X_i 和噪声变量 N 的情况下，效应 $X_j=f(X_i,N)$。因果网络可以用节点和边表示，因果关系的随机变量对应于节点，因果效应对应于方向箭头，即 $X_i \rightarrow X_j$ 表示原因 X_i 触发效应 X_j。

可以证明，因果模型包括数据的明确概率分布，如图 11.1 中的“包含”，但反之亦然：对于因果模型（例如行星模型），必须假设附加定律（例如引力定律）。为了确定事件之间的因果依赖关系，必须确定代表它们的随机变量的独立性。从统计学上讲，两个随机变量（直觉随机实验）X 和 Y 的结果值 x 和 y 的独立性可以用它们的联合概率 $p(x,y)$ 的可分解性来表示，即 $p(x,y)=p(x)p(y)$，这种情况也称为马尔可夫条件。在此基础上，资料背景中引入了因果独立关系 $\perp\!\!\!\perp$ 的计算方法。

【背景资料】 设 $p(x)$ 为随机变量 X 的概率分布 P_X 的密度，那么：

对于 X,Y 的所有值 x,y，X 独立于 $Y(X\perp\!\!\!\perp Y)\Leftrightarrow p(x,y)=p(x)p(y)$；

对于 $X_1,\cdots,X_d$ 的所有值 $x_1,\cdots,x_d$，$X_1,\cdots,X_d$ 相互独立 $\Leftrightarrow p(x_1,\cdots,x_d)=p(x_1),\cdots,p(x_d)$；

对于满足 $p(z)>0$ 的 X,Y,Z 的所有值 x,y,z，在 $Z(X\perp\!\!\!\perp Y|Z)$ 条件下，X 与 Y 无关 $\Leftrightarrow p(x,y|z)=p(x|z)p(y|z)$。

有条件的独立关系符合以下规则：

(1) $X\perp\!\!\!\perp Y|Z\Rightarrow Y\perp\!\!\!\perp X|Z$（对称）；

(2) $X\perp\!\!\!\perp Y,W|Z\Rightarrow X\perp\!\!\!\perp Y|Z$（分解）；

(3) $X\perp\!\!\!\perp Y,W|Z\Rightarrow X\perp\!\!\!\perp Y|W,Z$（弱分解）；

(4) $X\perp\!\!\!\perp Y|Z$ and $X\perp\!\!\!\perp W|Y,Z\Rightarrow X\perp\!\!\!\perp Y,W|Z$（收缩）；

(5) $X \perp\!\!\!\perp Y | W, Z$ and $X \perp\!\!\!\perp W | Y, Z \Rightarrow X \perp\!\!\!\perp Y, W | Z$(交叉)；

(6) $X \perp\!\!\!\perp Y | Z \Rightarrow Y \perp X | Z$(对称)；

(7) $X \perp Y, W | Z \Rightarrow X \perp Y | Z$(分解)；

(8) $X \perp Y, W | Z \Rightarrow X \perp Y | W, Z$(弱联合)；

(9) $X \perp Y | Z$ 和 $X \perp W | Y, Z \Rightarrow X \perp Y, W | Z$(收缩)；

(10) $X \perp Y | W, Z$ 和 $X \perp W | Y, Z \Rightarrow X \perp Y, W | Z$(交叉)。

【举例】 具有赋值和图形表示的因果结构模型。

(1) $X_1 := f_1(N_1)$；

(2) $X_2 := f_2(N_2)$；

(3) $X_3 := f_3(X_1, N_3)$；

(4) $X_4 := f_4(X_2, X_3, N_4)$。

N_1, N_2, N_3, N_4 是独立噪声变量。

统计分布 P_{X_1, X_2, X_3, X_4} 中随机变量 X_1, X_2, X_3, X_4 的独立性可以用 $X_2 \perp X_3 | X_1$ 和 $X_1 .. X_4 | X_2, X_3$ 或马尔可夫因式分解来表示，如下式。

$$p(x_1, x_2, x_3, x_4) = p(x_3) p(x_1 \mid x_3) p(x_2 \mid x_1) p(x_4 \mid x_2, x_3)$$

因此，因果学习的目的是发现测量和观察数据分布背后的因果关系。初始情况是数据收集的有限样本：在图 11.2 中，假设了独立且同分布(i. i. d.)的随机变量(例如 X_1、X_2、X_3、X_4)的联合概率(例如 P_{X_1, X_2, X_3, X_4})。通过独立性检验和实验，可以得到由独立关系、因子分解或因果律决定的因果模型。在这种因果模型的基础上，因果关系可以用图形表示。这确保了因果关系的分配(责任)，这是澄清责任问题所必需的。

实际应用于机器学习的神经网络必须有大量节点，因此可能的因果模型(具有相应的图形表示)的数量呈指数增长。

d 具有 d 个节点的因果模型的数量：

1　1

2　3

3　25

4　543

5　29281

6　3781503

7　1138779265

8　783702329343

9　1213442454842881

10　4175098976430598143

11　31603459396418917607425

12　521939651343829405020504063

13　18676600744432035186664816926721

14 1439428141044398334941790719839535103
15 237725265553410354992180218286376719253505
16 837566707737333201876993030479964122235223138303
…

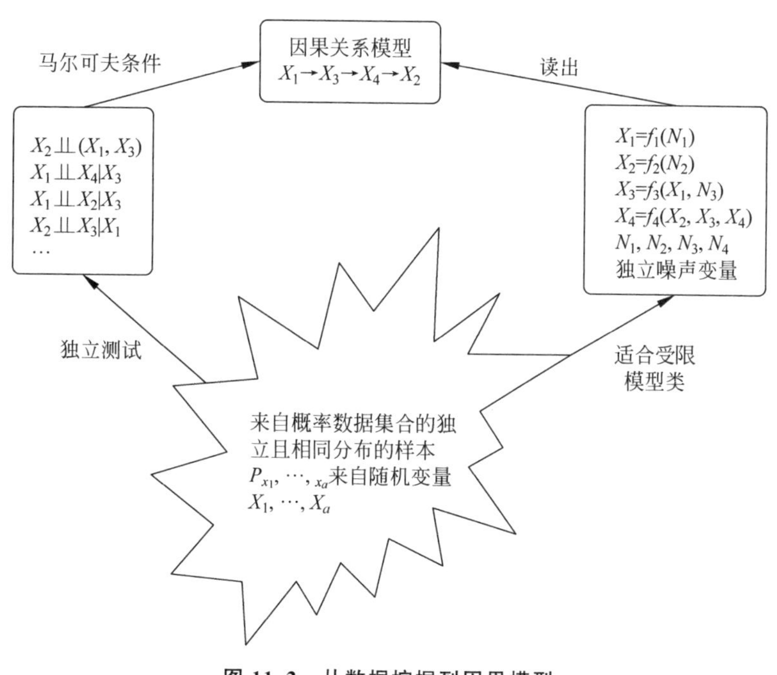

图 11.2 从数据挖掘到因果模型

由于参数呈爆炸式增长，实际应用的复杂性导致机器学习面临巨大挑战，而这一挑战往往被低估。

【举例】 在大脑研究中，要处理的是进化过程中进化出的最复杂的神经网络之一。在数学模型中，取一个简化向量 $\boldsymbol{z}$，它编码了大量大脑区域的活动。$\boldsymbol{z}$ 的动力学（即时序演变发展）由微分方程决定：

$$\frac{\mathrm{d}}{\mathrm{d}t}\boldsymbol{z} = F(\boldsymbol{z}, \boldsymbol{u}, \theta)$$

其中，在 F 为给定函数的情况下，$\boldsymbol{u}$ 是外部刺激的向量，θ 是因果链的参数。

但是，大脑活动 $\boldsymbol{z}$ 却不能直接被观察到。功能性核磁共振成像（functional MRI，fMRI）只能确定营养物质（氧气和葡萄糖）的消耗，以补偿血流提供的能量需求增加（血流动力学反应）。增长由血氧水平依赖（blood oxygen level-dependent，BOLD）信号控制。因此，动态因果模型中的 $\boldsymbol{z}$ 必须被一个状态变量 x 代替，其中大脑活动与血流动力学反应被考虑在内：为此，将 BOLD 信号 $y=\lambda(x)$ 的测量时间序列与状态变量 x 相联结。

事实上，在人脑中正在处理由 860 亿个神经元产生的大量数据。在这些数据的背后，因果互动的细节如何发生，目前仍是一个黑匣子。但即使在大数据和计算能力不断增长的时代，从测量数据中进行统计学习也是不够的。对个体大脑区域之间的因果相互作用，即因果学习，进一步解释是大脑研究的一项核心挑战，以实现更好的医学诊断、心理和法律责任。

【举例】 自主学习车辆是神经网络日益复杂的一个非常热门的技术例子。一辆装有各种传感器（例如灯光传感器、碰撞传感器）和发动机设备的简单汽车，已经可以通过自组织神经网络产生复杂的行为。如果相邻的传感器在与外部物体的碰撞中受到激励，那么与传感器相连的相应神经网络的神经元也会受到激励。这就在神经元网络中形成了一个代表外部物体的接线模式。原则上，这个过程类似于有机体对外部物体的感知，只是后者复杂得多。

如果现在设想这辆汽车将配备一个“记忆”（数据库），它可以用它来记忆某些危险的碰撞，以便将来避免它们，那么就可以想象，未来汽车工业将如何在建造自主学习汽车的道路上前进。它们与传统的驾驶辅助系统有很大不同，在某些条件下，这些系统具有预先编程的行为，这将是神经学习，正如在更高度发达的生物体中所了解的那样。

但要训练自主学习（“自主”）车辆，会发生多少真正的事故？如果自动驾驶车辆发生事故，谁负责？需要面对哪些伦理和法律上的挑战？在复杂系统中，例如具有数百万个元素和数十亿个突触联结的神经网络，统计物理定律允许对整个系统的趋势和收敛行为做出全局性的陈述。然而，单个元素的经验参数数量可能太多，无法确定局部原因，神经元网络仍然是“黑匣子”。因此，从工程学的角度来看，涉及机器学习人工智能核心的一个“黑暗秘密”。即使是设计（基于机器学习的系统）的工程师也可能很难找出任何单一动作的原因。

软件工程中有两种不同的方法：

(1) 测试只显示（随机）发现的错误，而不是所有其他可能的错误。

(2) 为了避免这种情况，必须对神经网络及其潜在的因果过程进行正式的验证。

自动证明的优点（见第 3.4 节）是证明一个软件作为数学定理的正确性。证明助理就是这么做的，因此建议在机器学习神经网络的基础上建立一个形式化的元层次，用证明助理自动实现正确性证明。为此，设想一辆装有传感器和一个联结的神经网络的自主学习汽车，类似神经系统和系统的大脑，其目的是确保汽车的行为符合道路交通法规的规定。道路交通规则是 1968 年在《维也纳公约》中制定的。

第一步，汽车将像一架装有黑匣子的飞机，用来记录大量的行为数据。《维也纳公约》中的交通规则应该暗含了这些大量的数据。这一逻辑含义实现了预期的控制，以排除不当行为。在元层次上，隐含被形式化，通过一个证明助手自动证明。为此，首先必须使《维也纳公约》的法律制度规范化。

下一步，必须从黑匣子的大量数据中提取出运动路径，即车辆的因果轨迹。因果学习可以用于这个目的。因果轨迹可以用因果链表示。车辆轨迹的这种表示在元层次上必须用正式语言表示，这种正式的描述必须由《维也纳公约》的正式法律所隐含。这一含义的正式证明是由证明助手自动完成的，并且用现在的计算能力可以在一瞬间实现。

综上所述，将神经网络用于统计机器学习是可行的，但是不能对神经网络中的过程进行详细的理解和控制。如今机器学习技术大多只基于统计学习，但这对安全关键系统来说是不够的。因此，机器学习应该与证据辅助和因果学习相结合。在这种情况下，正确的行为是由逻辑形式的元定理保证的。

从这种自主学习工具的模式可以联想到,组织学习的人体有机体的行为和反应基本上也是无意识的。"无意识"意味着没有意识到肌肉骨骼系统由感觉和神经信号控制的因果过程。这可以用统计学习的算法自动完成。但是,在危急情况下是不够的:为了通过更好地控制人体有机体来获得更多安全,大脑必须介入因果分析和逻辑推理。目标是通过因果学习算法和逻辑证明助手确保机器学习过程的自动化。

软件验证已经成为软件工程中计算机程序开发的关键步骤。在需求工程、设计和实现一个程序之后,不同的验证过程已经在实践中得到了应用。如果一个程序能够被证实遵循从程序设计中得到的给定规范,那么该程序称为正确的("认证")。第3.4节已经考虑过证明助理,它们以一致的形式证明计算机程序的正确性,例如数学中的构造性证明(例如Coq、Agda和MinLog)。显然,证明助理是认证程序正确性的最佳形式验证。

但是,在工业和商业实践中,由于人工智能软件日益复杂,证明助理似乎过于雄心勃勃。因此,工业生产往往满足于特殊的测试或经验测试程序,试图找到统计相关性和失败模式。经验测试直接基于程序执行的分析,它从执行程序中收集信息,或者在主动请求执行某些操作之后,或者在操作过程中被动地收集信息,并试图从这些信息中提取数据或行为的一些相关属性,在此基础上判断系统是否符合预期行为。

基于模型的测试不仅依赖于经验数据挖掘,它还使用了基于其设计的技术系统实现模型。在这个实现模型中,测试输入由测试工具自动生成和执行,系统的输出将自动与系统模型指定的输出进行比较。在此步骤中,将测试实现与系统规范的一致性,如果系统通过了所有生成的测试,则认为系统是正确的。

基于模型的测试工具体系结构从实现测试生成过程的测试引擎开始:它逐步完成模型的规范,并计算允许的输入和输出操作集。如果观察到输出动作,则测试引擎评估该输出是否受模型规范的允许。在此步骤中,将验证实现和规范的一致性。

如果观察到一些根据规范不允许的输出,则测试终止并判定失败。只要没有给出失败的判决,测试就会随着判决通过而终止。现在,可以定义技术系统的实现和规范的输入输出一致性:如果在每一次跟踪规范的输入动作和输出动作之后,实现所允许的输出动作形成了规范所允许的输出动作的子集,那么输入启用的实现符合规范。

更严格的程序验证将由一个验证助手(例如Coq、Agda、Minlog和Isabelle)来实现。在这种情况下,实现模型和规范化模型被转化为构造形式主义(例如Coq中的CiC),并根据数理逻辑中形式定理证明的精确标准,证明了实现和规范的一致性。在理想的情况下,这些证明甚至是自动化的。

用神经网络和学习算法验证机器学习是一个挑战。随着神经网络日益复杂和参数数量的爆炸性增长,产生的黑匣子似乎只能通过大数据进行训练,并且可以通过特殊和经验过程进行测试。但是在第10.2节中,解释了为什么在某些认知能力方面,神经网络在数学上等同于自动机和图灵机。因此,神经网络(例如电路)的对应于它的期望或期望行为的技术实现及其规范也可以用自动机或机器来表示。至少在原则上,它们可以转化为证明助手的形式，例如 Coq 中的归纳结构演算(Calculus of inductive Constructions，CiC)。

因此原则上，技术实现和规范的一致性可以用 CiC 形式从数学上证明。从这个意义上讲，神经网络的正确性可以在 Coq 中得到严格的证明。甚至模拟神经网络(带实数权重)也可以通过更高的归纳定义结构扩展到 CiC 中，以验证其在 Coq 中的正确性。面临的挑战当然是在机器学习中实际应用神经网络的复杂性。

图 11.3 显示了软件测试程序的扩展，从随机样本的低精度随机测试、经验测试(基于反模型的测试)到更可靠的基于模型的测试，最后是具有最高准确度的证明助手，但是直到现在，由于人工智能软件越来越复杂，适用性越来越差。

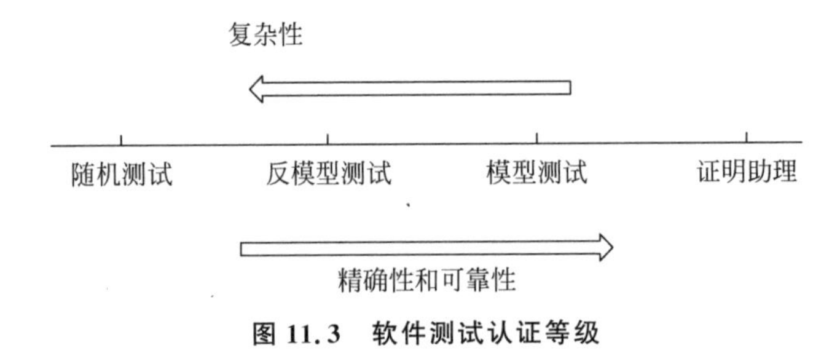

图 11.3　软件测试认证等级

因此，在实践中还必须考虑测试的成本。复杂软件的正式证明需要大量的时间和人力。另一方面，只在安全关键系统中进行临时测试和经验测试是有风险的。对于人工智能程序的认证，必须致力于提高软件的准确性、安全性和信任度，尽管民用和工业应用程序的复杂性越来越高，但在测试成本方面(例如交付时间与市场价值的权衡效用函数、可用性的成本/效益比)。为了安全和保障的需要，没有免费的午餐。负责任的人工智能必须找到公平和可持续的认证等级。

11.2　在不完全信息下的决定性

在复杂的市场中，人们的行为并不是按照“代表性代理人”(人类经济学)的公理化定义的理性预期行事，而是在知识、情感和反应不完全的情况下进行决定和行动(例如羊群行为)。因此，美国诺贝尔奖获得者赫伯特·西蒙(Herbert A. Simon，1916—2001)谈到了有限理性，这意味着应该满足于暂时可以满足的解决方案，而不是在复杂的海量数据面前追求完美的解决方案。

但是，在有限理性和信息条件下的决策，原则上是否仍然接近于算法决定？在这种情况下，人工智能软件可以在扑克比赛中击败人类冠军。扑克之所以引人注目有几个原因。一方面，与象棋和围棋等棋类游戏不同，扑克是在不完全信息下做出决定的一个例子。这种类型的日常决策正是在不完全信息的情况下进行的，例如公司之间的谈判、法律案件、军事决策、医疗方案、网络安全等。另一方面，棋类游戏(例如国际象棋和围棋)涉及的决策中，每个玩家在任何时候都对整个游戏情况有一个完整的概述。在扑克牌中，总是对情绪和感觉产生怀疑，并在游戏中用一张扑克脸来欺骗对手，因为信息是不完全的。但是，在机器能够理解甚至意识到人类情感之前，人工智能专家认为就算它能够成功，也还需要很多年时间。事实上，人工智能扑克程序 Poker Libratus 避免了情绪问题，用纯粹的计算机能力加上复杂的数学打败了人类对手。

人工智能不必模仿人类的直觉和情感，以便在基于不完全信息决策的情况下击败人类。

在这一点上很明显，技术上成功的人工智能首先是一门想要有效解决问题的工程科学，它不是关于建模、模拟甚至取代人类的智能。即使在过去，成功的工程解决方案也不是为了模仿自然而设计的：如果人们试图模仿鸟儿扇动的翅膀，飞行就会出错。直到工程师们开始思考空气动力学的基本定律时，才找到了重量达几吨的飞机移动的解决方案，而这些解决方案在进化过程中是自然无法找到的。工程人工智能必须区别于脑研究和神经医学，后者希望模拟和理解人类有机体在自然进化过程中的发展过程。

一个博弈过程或一个协商情况用一棵博弈树表示。一个博弈情境对应于一个节点，根据博弈规则，最终有多个移动，这些移动由博弈树中相应的分支表示。这些分支又以节点(博弈场景)结束，新的可能分支(博弈移动)再次从中产生。这就是一个复杂的博弈树是如何展开的。

在第一种方法中，一个有效的算法在相应的博弈树中选择前一个博弈的弱点，并在随后的博弈(博弈树)中尝试最小化它们。因为超级计算机的巨大计算能力，这个系统不是与自己对抗十次、一百次或一千次，而是数百万次。在大约 10^{126} 的数量级，即使是最快的超级计算机也不可能在任何现实的时间里做到这一点。数学现在正在被使用：有了数学概率和博弈论的定理，可以证明在某些博弈情况下，后续博弈没有成功的机会。因此为了减少计算时间，可以忽略它们。

考虑到这一点，可以区分扑克程序 Poker Libratus 中的两种算法：反事实后悔最小化(Counterfactual Regret Minimization，CFR)是一种迭代算法，用于求解信息不完全的零和博弈。基于后悔的剪枝(Regret-Based Pruning，RBP)是一种改进，它允许游戏树中不太成功的行为的发展分支被临时“修剪”，以加快 CFR 算法的速度。根据布朗(N. Brown)和桑德霍姆(T. Sandholm)(2016)的一个定理，在零和博弈中，RBP 截断任何不属于纳什均衡最佳响应的行为。纳什均衡是一个博弈星座，在这种博弈中，没有一个玩家能够通过单边策略来提高自己的得分。

因此，在信息不完全的博弈中，人们试图找到一个纳什均衡。在两人零和博弈时，可能的博弈星座(博弈树中的节点)少于 10^8 个，通过线性算法(计算机程序)可以精确地找到纳什均衡。对于更大的博弈，使用迭代算法(例如 CFR)，它以极限值收敛到纳什均衡。

在每一次博弈后，CFR 在博弈树的每个决策点计算对这些行为的后悔程度，最小化后悔的程度并改进博弈策略：“后悔”意味着“什么可以做得更好?”，如果一个行动与后悔相关，那么 RBP 跳过该行动所需的最少迭代次数，直到相关后悔在 CFR 中变为正值。一旦剪枝完成，跳过的迭代将在单个迭代中完成。这导致计算时间和存储空间的减少，并可以通过今天的物理机器实现。

随着计算机能力不断增强,人工智能软件能够在大量数据的基础上更快、更有效地生成大量经验知识,在信息不完全的情况下,它将成为人类决策不可缺少的工具。在令人困惑的谈判环境中,这种人工智能软件将能够检验获胜策略的可能性,并给出有利的决定。在复杂的公司谈判中,这一点与支持艰难的法律决定同样重要。然而,该软件效率的不断提高也对人们的判断提出了挑战:在基础研究中,必须准确地确定该软件的可能性和局限性,以免盲目依赖于错误的算法而失败。

11.3 人类机构有多安全

计算能力的指数增长将加速社会的算法化,算法将越来越多地取代机构,以建立分散的服务和供应结构。数据库技术区块链为这个新的数字世界提供了一个进入场景。它是一种分散核算,例如用算法代替银行对客户之间的货币交易进行调解。这一权力下放机构是在2008年全球金融危机之后发明的,这场危机主要是由国家和国际央行的人为失误造成的。

区块链可以通过一个连续的去中心化数据库呈现会计的功能。簿记不是集中存储的,而是作为副本存储在每个参与者的计算机上。在账户的每个"页面"(区块)上,参与者和安全代码之间的交易都会被记录,直到它们"满"为止,并且必须"打开"一个新页面。形式上,它是一个可扩展的数据记录(块)列表,与密码程序相联结,如图11.4所示。每个块包含前一个块的加密安全号、时间戳和事务数据。通过一致性程序(例如工作证明算法)创建新块。

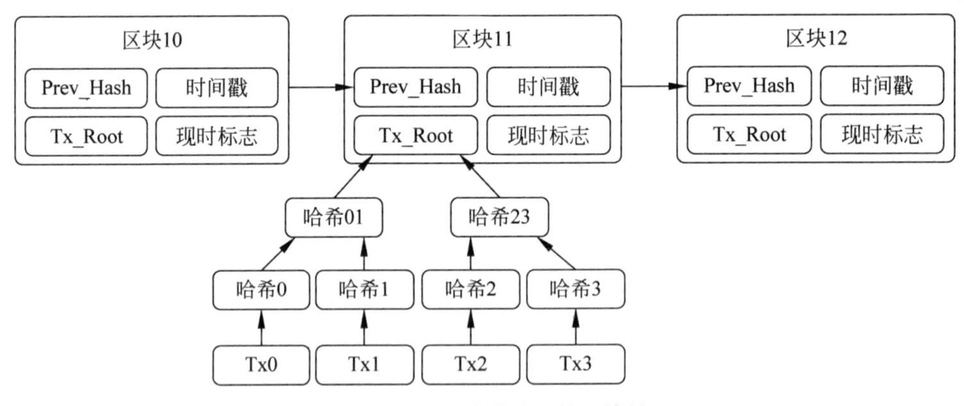

图11.4 采用哈希编码的区块链

通过会计系统"区块链",数字商品或价值(货币、合同等)可以随意复制:"一切都是复制品"。在物联网之后,价值互联网由此诞生。

由于区块链中数据的顺序存储,单方面的变化可以被立即识别出来。每个参与者都会意识到他所复制的区块链中的变化,为此,相互链接的区块必须"解包"。此外,"区块挖掘"中整个网络的高计算能力使得区块链几乎可以防伪。分散加密货币的工作步骤如下。

(1) 新交易被签名并发送到参与者的所有节点。

(2) 每个节点(参与者)在一个块中收集新交易。

(3) 每个节点(参与者)搜索验证其块的所谓现时标志(随机值)。

(4) 如果一个节点(参与者)找到一个有效的块,它会将该块发送给所有其他节点(参与者)。

(5) 节点(参与者)只接受根据规则有效的块:

- 区块的哈希值必须与当前的级别相对应;
- 所有交易必须被正确签名;
- 必须根据前面的块覆盖交易(无重复输出);
- 新股发行和交易费用必须符合公认的规则。

(6) 节点(参与者)通过在新块中采用块的散列值来表示对块的接受度。

创建新的有效区块(即挖掘)对应于解决加密任务(工作证明)。任务的难度在网络中以这样一种方式进行调节,即平均每10分钟创建一个新块。成功挖掘的概率与所用的计算能力成正比。为此,挖掘的难度必须不断地适应当前网络的计算能力。工作证明算法按以下步骤运行,使用的阈值与挖掘难度成反比:

(1) 初始化区块,根据交易计算根的哈希值。

(2) 计算哈希值:h=SHA256(SHA256(区块头))。

(3) 如果$h \geq$阈值,则更改区块头并返回步骤(2)。

(4) 否则($h<$阈值)找到有效区块,停止计算并发布区块。

定义挖掘难度级别是衡量查找小于给定目标的哈希值有多困难的度量。比特币网络面临全球区块难题:

(1) 难度=难度_1_目标/当前目标(目标是一个256比特位的数字)。

(2) 难度水平按照每2016个区块调整一次,以适应于找到它们的时间。

(3) 按照每10分钟一个区块的期望速度,2016个区块需要整整两周时间。

(4) 时间(2016个区块)>2周⇒必须降低难度。

(5) 时间(2016个区块)<2周⇒必须提高难度。

【定义】 现时标志值是一个32字节位的字段,其值被这样设置,使得相关区块的哈希(序列号)以一系列零开始。字段的其余部分(具有定义好的含义)不得更改:

(1) 由于无法预测正确哈希的数位组合,因此必须尝试许多不同的哈希值。

(2) 计算每个值的哈希值,直到找到所需数量的零的哈希值。

(3) 所需零位的数量由采集难度决定。

(4) 生成的哈希值必须小于当前采集难度级别。

(5) 由于此迭代计算需要时间和资源,因此以正确的现时标志值表示块可以证明所需的工作量(工作证明)。

新区块中包含的交易最初仅由创建区块的参与者确认,他们的信誉有限。但是,如果区块也被其他参与者接受为有效,则他们将在要创建的新块中输入其哈希值。如果大多数参与者认为区块是有效的,那么该区块链将继续以最快的速度增长;如果他们不认为它是有效的，那么链将从上一个块继续增长，因此这些块形成了一棵树。

只有树的第一个块（根）中最长的链才被认为是有效的。因此，这种形式的会计自动包括那些被大多数人接受为有效的区块。第一个区块用来启动加密货币，称为创世区块。它是唯一不包含前导函数哈希值的块。

比特币网络以分散的数据库（区块链）为基础，参与者使用比特币软件共同管理，并列出其中所有交易。使用的不是可靠对象和机构（例如银行、国家货币管制局和中央银行），而是计算复杂且实际防伪的算法（例如工作证明算法）。比特币的所有权证明可以存储在个人数字钱包中。比特币与其他支付方式的转换率由供求关系决定，这可能引发投机性泡沫，目前比特币的普遍接受度仍然是个问题。

区块链将成为分散式数字世界的入门级技术，在这个世界中，个人作为客户和公民直接实现交易和通信，而不需要中介机构。

这种技术的适用范围绝不局限于银行和货币交易，其未来的发展趋势也是可想而知的，其他服务设施和国家机构将被算法取代。乍一看似乎非常草根的民主，但仔细分析，结果却完全不是民主的。民主的基本理念是，不管地位和阶级如何，每个人只有一票：一人一票！事实上，比特币的影响力取决于客户在实现一个新的区块时所拥有的计算能力：可用的计算能力越大，这人解决加密任务的概率和把握就越大，从而保证安全（工作证明）。

随着区块链的发展，这些任务变得越来越复杂，计算量也越来越大，同时计算的强度也在不断提高。计算密集型算法消耗大量能量的事实很少被考虑。2017 年 11 月，比特币计算网络的每小时耗电量相当于丹麦整个国家的耗电量。因此，拥有廉价能源并且可以冷却过热的超级计算机的国家可以挖掘大量比特币。除非采取对策和改进措施，否则这些基础设施绝不会拯救直接的民主，而是会带来日益严重的能源问题（从而导致更严重的环境问题）。最终，数字化取决于更好的基础设施、更少的能源消耗、更好的环境和更多的民主。

参考文献

第12章 人工智能和责任

CHAPTER 12

人工智能(Artificial Intelligence,AI)是一个国际性的未来研究和技术、经济和社会的课题,但是AI的研究和技术创新是不够的。AI技术将极大地改变我们的生活和工作方式。社会体系的全球竞争(例如中国的国家体制、美国的信息技术巨头、拥有个人自由权利的欧洲市场经济)将决定性地取决于如何在AI世界中定位欧洲价值体系。

12.1 社会积分和一带一路

在中国这样的国家,超级计算机和机器学习已经被视为主宰世界的关键。即使使用核武器也是次要的,因为计算必要的数据量和战略规划都依赖于强大的计算机。简言之,核时代是昨天;今天和明天谈论的是数字化和AI。卡尔·弗里德里希·冯·魏茨萨克(Carl Friedrich von Weizsäcker)强调了原子时代科学家的责任,这一问题在当时东西方冷战的背景下愈演愈烈,如今讨论的是数字化和人工智能时代的责任。在进入第12.2节之前,将首先审视全球政治局势的变化。

在第二次世界大战期间,很明显,数学方法和计算机功能对于实现军事目的的作用是决定性的。成功解密德国加密机"英尼码"(Enigma,希腊语中意为"密码")的英国和波兰数学家、逻辑学家和密码学家的历史是众所周知的。解密极大地缩短了英格兰空战的持续时间,特别是在潜艇战争阶段。加密机"英尼码"不仅用于加密军事信息,还被德国纳粹的其他政府机构用来加密。因此,它已经影响了现在所说的基础架构。从1939年起,艾伦·图灵在英国密码破译程序总部布莱切利公园(Bletchley Park)担任密码分析员。图灵机中的进程启发了图灵开发解码程序。

战略规划要求在政治、商业和军事领域使用强大的预测工具,这就是机器学习的用武之地。

1965年,物理学家威尔海姆·福克斯(Wilhelm Fucks)出版了当时的畅销书《通向权力的公式》,从简单的增长方程式中得出了惊人的预测:在可预见的未来,中国将成为超级大国,并取代美国。在冷战最激烈的时期,当美国和苏联这两个世界主要强国相互军事升级时，能得出这种预测是不容易的。在福克斯之后的年代，危机点是可以预测的（作为亚稳均衡）。联盟提供着可估量的优势。1965年，人口增长、钢铁和能源生产是最重要的选择指标，但从今天的角度来看，这无疑是片面的选择。但是，现在正在谈论带有“如果-就”语句的数学模型：如果应用某些假设，那么逻辑-数学推导的事件就会以一定的概率发生。这本书还向人们展示了战后这一代人对第二次世界大战中德国人所追求的世界征服意识形态的幻想是多么虚无缥缈，除了与之相关的可怕道德犯罪之外，还因为这个国家的大小。但是，本书标题令人眼花缭乱，这令人联想到尼采的“意志强大”。这本书的数学方法似乎宣告了一个相反的方案：政治家可以“想要”很多东西。在那个原子时代，是爱因斯坦的公式 $E=mc^2$ 使世界颤抖。不懂数学语言的人就不能理解这个世界。

使用大数据进行预测最初似乎是无害的，甚至是很有用的：医疗保健和保险公司收集了大量关于运动锻炼、营养和饮酒的数据，以预测可能的治疗费用甚至死亡时间。在美国，预测系统被用来对囚犯做出或多或少有利的社会预测，以便在缓刑期间释放他们。为此，将建立包含刑释释放囚犯缓刑数据的庞大数据库，以便使用大数据算法提取有关社会有利行为的统计模式和相关性。

然而，从2020年起，在“社会得分”（Social Score）的背景下，中国要实现的又是一个完全不同的维度：所有公民都将被纳入对其社会行为的总体评估中。如今在德国，我们已经知道了臭名昭著的“弗兰斯堡点”，用这些“点”来惩罚交通犯罪。大学教师和研究人员的著作和成就在国际上都是用所谓的影响因子来评估的，这些因子被用于职称评定。西方国家的许多公民对健康卡上的数据感到兴奋。但是，中国人的社会评分是在一个公共评分系统中评估所有事情和每一个人，这个系统可以决定贷款、房屋租赁、职业晋升或国家福利。最终，一个人可能是一个或多或少有社会价值的人，他的晚年生活可能会得到或多或少的照顾支持。

美国国家安全局（National Security Agency，NSA）自然不甘落后，试图用数百万个方程式来计算一个政治家在危机中的行为。单个方程通常不是复杂的，而是线性的，并且是有关单个测量的行为参数。但是，正是这些海量数据使得超级计算机计算长达数小时。中国的超级计算机“天河”在目前美国计算机峰会所展示的最快计算时间基础上翻倍，从每秒1.5万亿次达到每秒3万亿次。

有了这项技术，就可以在几秒钟内根据公民的社会得分来预测他们的行为。通过把必要的线性方程组减少到100万个以下，将进一步提高效率。政治领导、军事和情报部门的雄心不仅针对国内政策，而且指向外交政策：归根结底，人们希望及时认识并预测未来的危机，以便从海内外控制和稳定国家。在这背后，绝不是众所周知的恐怖思想，即为少数人争取剥削群众的黑暗策略。相反，这是一个高度发达的福利国家，然而，能够避免西方民主国家的不稳定和易发危机。

绝不能在这种“世界革命”引入暴力行为。相反，在中国的战略中，假定西方民主国家的公民将在全球竞争的最终状态下承认并接管稳定、高效的技术官僚的利益。

实际上，这里假设，公民也不受传统意义上政治领导的“引导”。相反，这样的社会根据

“客观收集、算法完美计算和社会接受”的社会评分来自治。毕竟,它不是一个由容易出错的人们组成的“集会”,而是一个智能算法网络。如今已经宣布的无人驾驶汽车技术中,通过自动化避免了数百万人在道路上死亡,那么接下来将在更大的范围内继续进行。

从西方人的角度来看,可能会令人震惊并被认为是技术官僚的万能幻想而遭到拒绝的东西,在亚洲却有不同的文化背景。在一个由儒家思想塑造数百年的社会中,每个社会成员根据普遍接受的美德按照功过是非占据一个等级,即社会分数,这绝不是异类。儒家德性伦理绝不是把个人自由权利放在价值等级的首位,而是把共同利益放在首位,所有人都必须根据自己的功过为共同利益服务。这被认为是合理的,也保证了中国几百年来的稳定,与周边国家形成鲜明对比。机器学习、大数据和可预测性被认为是现代技术延续这一传统的机会。

必要的预测系统不仅是中国软件公司的好生意。对国家的医疗系统、政府机构和公司而言,谷歌、脸书和亚马逊等美国大型互联网公司也意识到了经济上丰厚的应用前景。硅谷仍然被认为是全球人工智能的干部中心。但最终,中国(正如威廉·福克斯 1965 年在另一个基础上预测的那样)将赢得这场竞赛:社会核心计划作为这个庞大国家的一个战略性整体项目实施,时间紧迫,所有企业家和技术利益方都必须服从巨大的资本支出。在中国人看来,西方民主国家越来越无力实施大型的结构性项目。因此,欧洲必须表明,它有自己的全球信息技术和人工智能战略,不会陷入地方党派和国家纷争。欧洲单个的信息技术和人工智能潮流引领者,比如把小小的爱沙尼亚当作灯塔,是不够的。

人工智能全球竞争的关键问题是,一个拥有国家资本主义和儒家伦理的人工智能技术统治(例如中国)能否战胜西方市场经济和民主。在西方市场经济和民主中,人工智能系统被理解为服务于个人自由权利。

第一次制度竞争发生在冷战时期,当时是市场经济民主国家与共产主义中央集权国家进行竞争。扩大各自政治和经济体系的手段是建立军事霸权。在东方集团的最后阶段,控制论模型和计算机技术已经在诸如东德等高度发达国家大量使用。但是,经济体制缺乏效率和对公民的制约,最终导致了内部瓦解。与此同时,西方民主国家和市场经济体也出现了对区位优势的竞争:谁拥有更好的税收、工资、社会和教育制度,能为创新和投资提供更好的机会?西方国家之间的竞争仍然在继续。

这些地方争端是由西方民主国家与技术官僚国家资本主义的新的全球竞争叠加而成的,这种竞争不仅出现在中国,而且一定程度上也存在于俄罗斯和越南等亚洲小国。与第一次全球竞争相比,中国这样的国家现在已经纳入了基于市场的要素,例如私营企业和自由定价。2018 年世界 500 强企业中,有 103 家来自中国,尽管中国政府持有 73 家公司的多数股权,银行业也基本上处于国家控制之下。然而,当西方民主国家依赖于选举周期、政府更迭以及相关危机和不稳定因素时,中国等国家可以长期实施重大创新和基础设施项目(例如人工智能)。

中国的崛起最初是通过出口廉价消费品实现的,这导致西方国家相应行业的工人失业。另一方面,中国为德国汽车、电机工业、电气等关键技术开辟了新的销售市场,中国现在是德国最重要的贸易伙伴。外贸顺差使中国成为一个富裕的国家,下一步中国就可以转向购买西方国家的关键产业(例如机器人、电动汽车和生物技术),从而获得相应的技术诀窍。其中包括一个全球范围的战略项目,它再次强调了中国在其他所有世纪都是“中原王国”的主张,即一带一路。

在一带一路项目中,中国和欧洲之间的原有的贸易路线将发展成为能源、通信和信息网络、铁路线、港口和公路的基础设施。中国正在对这些基础设施网络进行投资,而这种投资是各沿岸国无法做到的。这为这些国家创造了进步,但也带来了政治上的依赖。这种规模的基础设施只有在数字化和人工智能的支持下才能控制。如今,货运和物流已经得到机器人技术、传感器技术和卫星通信的支持。新丝绸之路的贸易和资本流动将通过信息技术和人工智能继续促进思想、创新和文化的转移。

为了与中国竞争,欧洲首先必须坚持将自己的产品对中国市场开放。对自由世界贸易的共同呼吁是好的,但必须在两个方向上都是公平的,中国自己也正式谈到了双赢的局面。只有这样,“新丝绸之路”才能确保共同繁荣。

12.2 人工智能与全球价值体系竞争

在西方民主国家,个人自由权是价值体系的核心,它的哲学根源是人的自主性。在人工智能研究中,人们已经在谈论“自主”驾驶。事实上,它通常仍然只是预先编程的驾驶辅助系统。同样在机器学习的情况下,学习算法是由程序员给定的,尽管系统可以在给定的情况下自行决定和学习。

另一个例子是美军开发的“道德”战争机器人(道德士兵)。其开发背景的经验是:在正常生活中是社会公民的士兵,在战争中经历了创伤性的战役之后,残酷地犯下了可怕的战争罪行(例如1968年越南战争中的美莱大屠杀)。与驾驶汽车类似,技术上的考虑是,通过使用可靠的人工智能系统,无论是在交通法还是戒严法中,在所有情况下都能遵守规则,从而避免人类在情绪压力下的缺陷。

然而,一个遵循预先设定好的道德规则的技术系统本身并不是“道德的”。即使在学习算法的情况下,所处理的人工智能系统充其量也只能与受过训练的动物或幼儿相比较。更高层次的自主性意味着更高层次的政治权利:自治是指在各方面都能自我决定,并具有自己道德准则的人。

根据康德的观点,一个行为只有在它能够成为一般准则的基础时,才具备道德上的正当性。这是他绝对命令的核心思想——我行为的规则(康德:“格言”)必须是可概括的。我的权利在另一个人的权利开始的地方结束。如果我进入他者的自由空间,这个行动就不能被普遍化:它必然会导致所有人对所有人的战争。因此,原则上,我行动的准则应该是一部普通法律的基础,例如由国家议会决定。从这个意义上说,自治意味着“自我立法”的能力。

从技术上讲,不能排除有朝一日人工智能也能“自我立法”,也就是说,它把自己的法律作为程序:它自己编程!在西方民主民主国家的三权分立中,立法是一国人民在自由选举中所选出议会(立法权)的权利。在第10.3节中已经讨论过超级智能,它比人类个体更能全面地了解全球形势。然而，在这种情况下，我们会放弃我们的自主权。人工智能将不再仅仅是一个服务系统，根据黑格尔的观点，人工智能将不再是“仆人”，而是“主人”。

至此，数字化和人工智能时代的责任问题从最根本出现了。责任的概念具有悠久的法律和哲学传统。

责任通常被理解为一个行为人（或一群人）基于一个权威机构（例如法院、国家和社会）提出的要求对另一个人（或一群人）的义务。

第一个区别的标准是与因果关系有关的因果责任（例如程序员的编程错误）、与任务有关的角色责任（例如教师对其所在学校班级的责任）、与履行能力有关的技能责任（例如医疗事故中的医生），以及可能不同于因果关系的责任（例如父母对子女负有责任）。因果责任的认定不是规范性的，而是建立在经验基础上的，这就是第 11.1 节中提到的神经网络黑箱的核心问题。

公司的法律责任问题被视为责任主体。然而，根据德国法律，机构不存在刑事责任（与美国法律相反）。然而，至少在道德上，公司也被赋予了责任，这就是所谓的公司治理和企业社会责任（corporate social responsibility，CSR）。

在法律上，责任被理解为一个人按照规定对自己的决定和行为负责的义务（问责）。因此，从形式上讲，法律不是指道德或宗教责任（在良心上），而是（“实证主义”）指法院确立的违反法律的行为。因此，法律意义上的责任总是与经验事实相联系的。因此，对于机器学习中因果过程的更多可解释性的需求，对于阐明法律责任至关重要（见第 11.1 节）。

从法律的角度来看，在以下几个方面对责任制进行了区分：

(1) 行动责任是用于描述有关执行任务方式的责任制的术语。

(2) 利润责任是用于描述有关目标实现的责任制的术语。

(3) 领导责任是用于描述对执行的管理任务的责任制的术语，包括相关的外部责任。

在法律上，责任不仅指人，也指财产（如计算机）和所有者、受托人或承租人的要求。随着智能系统自治程度的提高（见第 1 章），问题出现了，机器人在多大程度上仍然可以被视为物质产品，或者是否已经必须从法律上考虑物质产品和人之间的中间区域。动物法表明，当以现代进化生物学和认知心理学的发现为基础时，传统的物与人的区别是多么不合理：动物是能够受苦的生物，而不是“物”，但也不是“人”。

人工智能无疑受制于责任原则：应该由人类来决定如何使用它。然而，专业化和技术、社会和生态环境日益复杂，这导致责任的分散：个人越来越依赖于其他专家的信息和评估。因此，有必要通过法律或合同规定，例如在责任法中对责任进行制度上的归属，和/或将责任归于公司和协会等集体行为者。然而，责任的分散也有利于明显的违法和滥用技术，这会导致公众的愤怒和不确定性。然而，安全和对技术的信任是一个国家未来生存的先决条件。

对于复杂的人工智能系统和人工智能基础设施，需要扩大责任的概念。除了个人责任，也必须从系统论的角度分析集体责任和合作责任。责任也应该归于那些负责人工智能系统设计（例如工业 4.0）、开发接口、平台和使用基础设施的人。在这些情况下，应该衡量影响程度。

对未来的责任要求及早识别和评估风险。在关于未来责任的辩论中，汉斯·乔纳斯特别强调，必须避免采取可能对环境或后代构成生存威胁的行动。人工智能尤其如此。但是，没有人能像天文学家那样预测未来的新事物——行星的位置。因此本书没有评估技术的后果，而是在第10.4节中提出了对技术设计的要求，它必须与早期教育和培训联系起来。

【重点】 为此，要求在一所大学的所有处理人工智能主题的研究和课程中，都要以适当的教学形式反映伦理和责任的问题。有必要给所有处理人工智能主题学院中的所有学生提供处理人工智能责任伦理问题的机会。伦理责任问题必须从现在就被纳入研究的范畴，正如伦理和社会问题应该在以后的研究和技术开发中加以考虑一样，这是实现可持续技术设计的唯一途径。

人工智能中伦理研究格式的范围和内容应该与项目协调员达成一致。除一般原则外，其内容必须与计算机科学、工程与自然科学、医学和经济学等专业的人工智能学位课程的具体伦理问题相联系。

因此，伦理问题不应该被误解为是对创新的阻碍。相反，提高伦理意识和责任感会促进创新优势，例如更大的法律确定性和社会对人工智能研究的接受度。重点是国际挑战，即如何将人工智能理解为：希望继续援引个人自由和权利的民主社会所提供的服务。在国际上，人工智能与民主的结合，应该强化一个国家的区位优势：一个国家不仅要在人工智能创新方面做强，而且要考虑到社会的责任问题。

欧洲不仅必须成为人工智能创新的领导者（例如在工业4.0中的机器学习和经济层面的衔接处），还必须创造一个与之相关的有吸引力的社会环境。即使在数字化和人工智能的时代，在市场经济中保护个人自由权利和安全的社会制度仍然是高品质的商品，这应该得到全世界所有人的承认和重视。

参考文献